学习资源展示

课堂案例 • 课堂练习 • 课后习题 • 综合实例

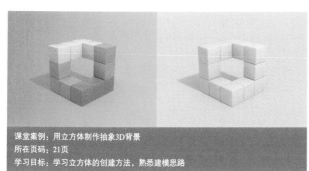

课堂案例：用立方体制作抽象3D背景
所在页码：21页
学习目标：学习立方体的创建方法，熟悉建模思路

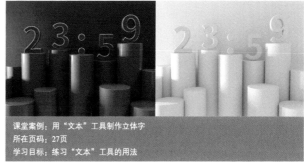

课堂案例：用"文本"工具制作立体字
所在页码：27页
学习目标：练习"文本"工具的用法

课堂案例：用参数对象制作电商展台
所在页码：28页
学习目标：练习参数对象的用法和建模思路

课后习题：制作几何体展台
所在页码：36页
学习目标：练习常用几何体的创建方法

课堂案例：用"扫描"生成器制作玻璃管道
所在页码：49页
学习目标：掌握"扫描"生成器的用法

课堂案例：用"置换"变形器制作低多边形小岛
所在页码：57页
学习目标：掌握"置换"变形器的用法

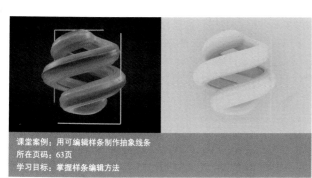

课堂案例：用可编辑样条制作抽象线条
所在页码：63页
学习目标：掌握样条编辑方法

课堂案例：用可编辑对象建模制作机械字
所在页码：67页
学习目标：掌握可编辑对象建模的方法

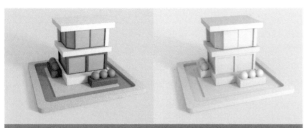

课堂案例：用可编辑对象建模制作卡通房屋
所在页码：71页
学习目标：掌握可编辑对象建模的方法

课堂案例：用可编辑对象建模制作卡通角色
所在页码：76页
学习目标：掌握可编辑对象建模的方法

课后习题：制作低多边形小岛
所在页码：85页
学习目标：掌握可编辑对象建模的方法

课后习题：制作机械模型
所在页码：86页
学习目标：掌握可编辑对象建模的方法

课堂案例：用摄像机制作场景的景深效果
所在页码：93页
学习目标：掌握景深效果的创建方法

课堂案例：用摄像机制作场景的运动模糊效果
所在页码：95页
学习目标：掌握运动模糊效果的创建方法

课后习题：为场景添加摄像机
所在页码：96页
学习目标：练习摄像机的创建方法

课堂案例：用灯光制作展示灯光
所在页码：102页
学习目标：掌握灯光工具的使用方法

课堂练习：用灯光制作环境光
所在页码：103页
学习目标：掌握灯光工具的使用方法

课堂案例：用无限光制作阳光休息室
所在页码：105页
学习目标：掌握无限光工具的使用方法

课后习题：用无限光制作走廊灯光
所在页码：108页
学习目标：掌握无限光和区域光工具的使用方法

课堂案例：制作金属质感海报
所在页码：120页
学习目标：练习金属类材质的制作

课堂案例：制作海水材质
所在页码：123页
学习目标：练习水材质的制作

课堂练习：制作创意空间材质
所在页码：124页
学习目标：练习水材质和金属材质的制作

课堂案例：渲染序列帧图片　　　　　　所在页码：154页　　　　　　学习目标：掌握渲染序列帧图片的参数设置方法

课堂案例：制作热气球位移动画　　　　　所在页码：161页　　　　　学习目标：练习位移关键帧动画的制作

课堂练习：制作风车旋转动画　　　　　所在页码：162页　　　　　学习目标：练习旋转关键帧动画的制作

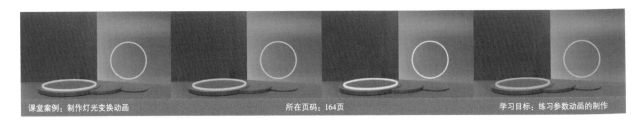

课堂案例：制作灯光变换动画　　　　　所在页码：164页　　　　　学习目标：练习参数动画的制作

课堂案例：用布料制作透明塑料布
所在页码：207页
学习目标：练习布料标签的使用方法

综合实例：机械霓虹灯
所在页码：215页
学习目标：练习机械效果图的制作

综合实例：悬浮小岛
所在页码：226页
学习目标：练习低多边形效果图的制作

综合实例：音乐流水线
所在页码：240页
学习目标：练习体素类效果图的制作

Cinema 4D S24
实用教程

任媛媛 编著

人民邮电出版社

北　京

图书在版编目（CIP）数据

Cinema 4D S24实用教程 / 任媛媛编著. -- 北京：
人民邮电出版社，2022.7
ISBN 978-7-115-58378-9

Ⅰ. ①C… Ⅱ. ①任… Ⅲ. ①三维动画软件—教材
Ⅳ. ①TP391.414

中国版本图书馆CIP数据核字(2021)第270606号

内 容 提 要

本书主要讲解中文版 Cinema 4D S24 的使用方法与技巧，包含参数化对象建模、生成器与变形器、高级建模、摄像机、灯光、材质与纹理、环境与标签、渲染、动画、运动图形、体积和域、毛发、粒子、动力学和综合实例等内容。本书主要针对零基础读者，可指导初学者快速掌握 Cinema 4D。

全书内容以各种实用技术为主线，对每个技术板块中的重点内容进行分析讲解，针对常用知识点安排了合适的课堂案例和课堂练习，让读者可以结合案例深入学习，并快速上手，在熟悉软件的同时掌握制作思路。另外，除第 1 章和第 16 章外，每章的最后都安排了课后习题，读者可以根据提示边学边练，或者配合在线教学视频学习。

本书附赠的学习资源包括所有课堂案例、课堂练习、课后习题和综合实例的场景文件、实例文件，以及所有案例的在线教学视频，读者在实际操作过程中有不明白的地方，可以通过观看在线教学视频来学习。

本书非常适合作为数字艺术教育培训机构及院校相关专业的教材，也可以作为初学者学习 Cinema 4D 的自学用书。

◆ 编　著　任媛媛
　 责任编辑　杨　璐
　 责任印制　马振武
◆ 人民邮电出版社出版发行　　北京市丰台区成寿寺路 11 号
　 邮编　100164　电子邮件　315@ptpress.com.cn
　 网址　https://www.ptpress.com.cn
　 北京九州迅驰传媒文化有限公司印刷
◆ 开本：787×1092　1/16　　　彩插：2
　 印张：17　　　　　　　　　2022 年 7 月第 1 版
　 字数：540 千字　　　　　　2024 年 7 月北京第 3 次印刷

定价：59.90 元
读者服务热线：(010)81055410　印装质量热线：(010)81055316
反盗版热线：(010)81055315
广告经营许可证：京东市监广登字 20170147 号

Cinema 4D是一款由德国MAXON公司出品的三维设计与制作软件，它拥有强大的功能和可扩展性，且操作简单，是视频设计领域的主流软件。近年来，随着功能的不断加强和更新，Cinema 4D的应用范围也越来越广，涉及影视制作、平面设计、建筑包装设计和创意图形设计等多个领域。

为了给读者提供一本好的Cinema 4D实用教程，我们精心编写了本书，并对图书的体系做了优化，按照"功能介绍→重要参数讲解→课堂案例→课堂练习→课后习题→综合实例"这一思路进行编排。本书力求通过功能介绍和重要参数讲解使读者快速掌握软件功能；通过课堂案例使读者快速上手并具备一定的动手能力；通过课堂练习巩固重要知识点；通过课后习题拓展读者的实际操作能力，达到巩固和提升的目的；通过综合实例提高读者的设计实战水平。此外，本书还特别录制了视频云课堂，直观展现重要功能的使用方法。在内容编写方面，本书力求细致全面、重点突出；在文字叙述方面注重言简意赅、通俗易懂；在案例选取方面，强调案例的针对性和实用性。

本书的学习资源中包含书中所有课堂案例、课堂练习、课后习题和综合实例的场景文件和实例文件。同时，为了方便读者学习，本书还配备了所有案例的在线教学视频，这些视频均由专业人士录制，视频中详细记录了案例的操作步骤，可使读者一目了然。另外，为了方便教师教学，本书还配备了PPT课件等丰富的教学资源，任课教师可直接使用。

本书的参考学时为66学时，其中授课环节为42学时，实训环节为24学时，各章的参考学时如下表所示（本表仅供参考，教师可根据授课学时实际情况灵活安排）。

章序	课程内容	学时分配	
		授课	实训
第1章	Cinema 4D的基础操作	2	1
第2章	参数化对象建模	2	1
第3章	生成器与变形器	4	2
第4章	高级建模技术	4	2
第5章	摄像机技术	2	1
第6章	灯光技术	2	1
第7章	材质与纹理技术	4	2
第8章	环境与标签	2	1
第9章	渲染技术	2	1
第10章	动画技术	4	2
第11章	运动图形	4	2
第12章	体积和域	2	1
第13章	毛发技术	2	1
第14章	粒子技术	2	1
第15章	动力学技术	2	1
第16章	综合实例	2	4
学时总计		42	24

由于编者水平有限，书中难免存在疏漏之处，恳请广大读者批评指正。

编者

2021年7月

资源与支持 RESOURCES AND SUPPORTS

本书由"数艺设"出品，"数艺设"社区平台（www.shuyishe.com）为您提供后续服务。

配套资源

所有课堂案例、课堂练习、课后习题和综合实例的场景文件和实例文件

所有案例的在线教学视频

重要基础知识的在线演示视频

PPT教学课件

资源获取请扫码

"数艺设"社区平台， 为艺术设计从业者提供专业的教育产品。

与我们联系

我们的联系邮箱是 szys@ptpress.com.cn。如果您对本书有任何疑问或建议，请您发邮件给我们，并请在邮件标题中注明本书书名及ISBN，以便我们更高效地做出反馈。

如果您有兴趣出版图书、录制教学课程，或者参与技术审校等工作，可以发邮件给我们。如果学校、培训机构或企业想批量购买本书或"数艺设"出版的其他图书，也可以发邮件联系我们。

如果您在网上发现针对"数艺设"出品图书的各种形式的盗版行为，包括对图书全部或部分内容的非授权传播，请您将怀疑有侵权行为的链接通过邮件发给我们。您的这一举动是对作者权益的保护，也是我们持续为您提供有价值的内容的动力之源。

关于"数艺设"

人民邮电出版社有限公司旗下品牌"数艺设"，专注于专业艺术设计类图书出版，为艺术设计从业者提供专业的图书、视频电子书、课程等教育产品。出版领域涉及平面、三维、影视、摄影与后期等数字艺术门类，字体设计、品牌设计、色彩设计等设计理论与应用门类，UI设计、电商设计、新媒体设计、游戏设计、交互设计、原型设计等互联网设计门类，环艺设计手绘、插画设计手绘、工业设计手绘等设计手绘门类。更多服务请访问"数艺设"社区平台www.shuyishe.com。我们将提供及时、准确、专业的学习服务。

第15章 动力学技术 201

第16章 综合实例 211

1

Cinema 4D的基础操作

　　本章将讲解 Cinema 4D 的基础操作。通过本章的学习，读者能够掌握 Cinema 4D 的应用领域、软件界面和一些常用命令的操作。

学习目标

◇ 了解 Cinema 4D 的行业应用

◇ 熟悉 Cinema 4D 的操作界面

◇ 掌握 Cinema 4D 的常用操作

1.1 Cinema 4D概述

本节将带领读者进入Cinema 4D的世界，了解它的特点及优势，以及它与其他三维软件的不同之处。通过本节的学习，读者就会知道为什么Cinema 4D可以在短时间内成为众多平面设计师和三维设计师的宠儿。

1.1.1 Cinema 4D的行业应用

Cinema 4D的缩写为C4D，翻译为4D电影，它是一款由德国MAXON公司出品的三维设计与制作软件，从其前身FastRay 1993年正式更名为Cinema 4D 1.0算起，至今已有28年历史。

Cinema 4D功能强大，可扩展性强，操作简单，是视频设计领域的主流软件，其应用范围涉及影视制作、平面设计、建筑包装设计和创意图形设计等多个领域。在我国，Cinema 4D更多应用于平面设计和影视后期包装设计这两个领域。

近年来，越来越多的设计师进入Cinema 4D的世界，带来了不同风格的作品。图1-1所示是一些优秀的Cinema 4D作品。

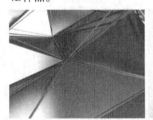

图1-1

1.1.2 Cinema 4D的特点

比起其他三维软件，Cinema 4D拥有以下3个特点。

简单易学：Cinema 4D的界面简洁、整齐，每个命令图标都用生动形象的图案表示，再配合不同颜色的色块表明命令的类型，即便是初学者，也能很快记住命令，且图形化的思维模式有利于读者更好地学习；比起复杂的3ds Max和Maya，Cinema 4D的学习周期更短，零基础的新手学习Cinema 4D的周期在3个月左右。

人性化：Cinema 4D在基础模型中融合了很多复杂的命令，原来需要经过多个步骤才能实现的效果，现在只需要在基础模型中简单修改参数便可实现；其运动图形、动力学和毛发等系统功能强大且操作简单，不需要进行复杂的编程，只需要调节参数即可达到想要的效果。

渲染简便：Cinema 4D自带的渲染器没有过多复杂的参数，内置的预设模式基本可以满足日常学习和工作的需要。

1.2 Cinema 4D的操作界面

本节将讲解Cinema 4D的操作界面。通过本节的学习，读者会对Cinema 4D有一个全面的了解。

1.2.1 启动Cinema 4D

▶ 演示视频 001– 启动 Cinema 4D

安装完Cinema 4D后，双击桌面图标■就可以启动软件。与其他软件一样，Cinema 4D也会显示一个启动界面，如图1-2所示。启动界面会显示软件的版本号，本书采用的是S24版本。Cinema 4D默认是英文版的，需要在软件内切换为中文版。

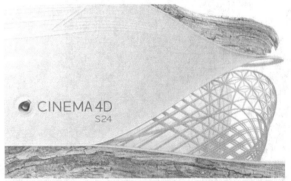

图1-2

📝 **技巧与提示**

Cinema 4D从版本22开始，版本编号依次为S22、R23和S24。虽然版本编号开头的字母有区别，但软件是相同的，且安装软件时的路径文件夹仍然自动显示为R24。

当软件启动完成后，会显示其操作界面，如图1-3所示。其操作界面分为10个部分，分别是菜单栏、工具栏、模式工具栏、视图窗口、"对象"面板、"属性"面板、时间线、"材质"面板、"坐标"面板和界面切换器。

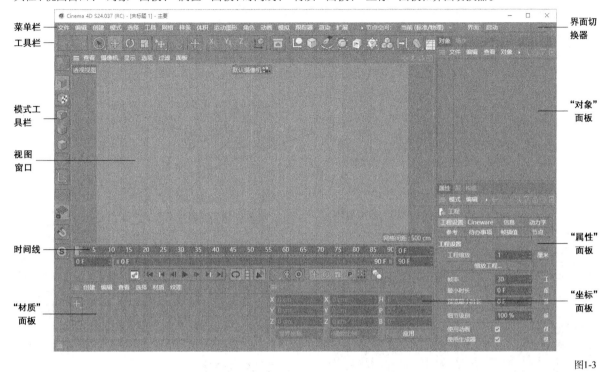

图1-3

菜单栏：包含Cinema 4D的所有工具和命令。

工具栏：将菜单栏中的各种重要功能进行分类集合，在日常制作中使用的频率很高，读者需要重点掌握。图1-4所示是工具栏中的工具。

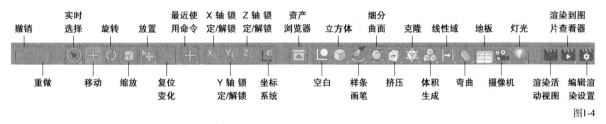

图1-4

模式工具栏：与工具栏相似，在此可以切换模型的点、线和面，调整模型的纹理和轴心等，包括一些常用命令和工具的快捷方式，如图1-5所示。

视图窗口：编辑与观察模型的主要区域，默认为单独显示的透视图。

"对象"面板：所有的对象都将显示在这里，也会清晰地显示各对象之间的层级关系。

"属性"面板：所有对象、工具和命令的参数属性均在此调节。

时间线：进行动画控制相关调节的面板。

"材质"面板：场景中材质的管理面板，双击空白区域即可创建默认材质。

"坐标"面板：调节模型在三维空间中的坐标、尺寸和旋转角度。

界面切换器：切换不同功能的工作界面。

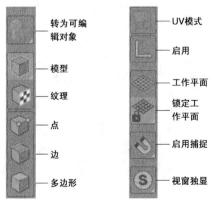

图1-5

■ 知识点：切换软件语言版本

Cinema 4D默认为英文版，要切换为中文版，需要进行以下设置。

执行"Edit>Preferences"菜单命令，打开"Preferences"面板，如图1-6和图1-7所示。

图1-6

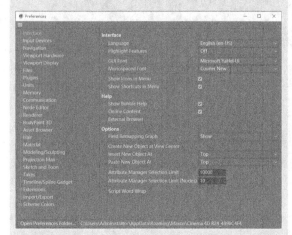

图1-7

如果读者发现"Language"下拉列表中没有中文语言的选项，说明该软件没有安装语言包，可以在"在线更新"面板中找到语言包或者从网上下载语言包。

在"Interface"选项卡中，设置"Language"为"简体中文（Simple Chinese）（zh-CN）"，如图1-8所示，然后关闭"Preferences"面板和软件，再次启动软件，即成功切换为中文版。

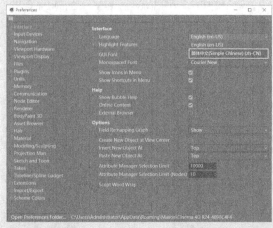

图1-8

1.2.2 Cinema 4D的初始设置

▶▶ 演示视频 002-Cinema 4D 的初始设置

在制作场景文件之前，需要对软件进行一些初始设置。执行"编辑>设置"菜单命令（快捷键为Ctrl+E），打开"设置"面板，如图1-9所示。

图1-9

1.软件界面颜色

S24版本默认的界面颜色为黑色，不同于之前的版本，软件取消了明色调的灰色界面。如果读者想更改界面颜色，需要在"界面颜色"和"编辑颜色"中手动进行更改，如图1-10所示。

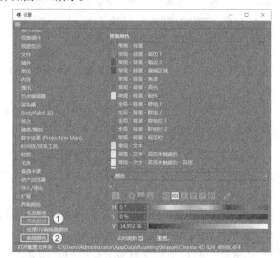

图1-10

📝 **技巧与提示**

界面的颜色并不会影响软件操作，读者可按照自己的喜好设置界面颜色，也可以保持默认。本书为了更好地展示印刷效果，将界面颜色调整为深灰色。

2.自动保存

虽然Cinema 4D S24的运行情况比较稳定, 较少出现软件崩溃的情况, 但为了避免出现意外情况, 还是需要启用自动保存功能。

在"文件"选项卡中勾选"保存"选项, 然后设置"每 (分钟)"为30, 如图1-11所示。这样就能每隔30分钟自动保存一次正在制作的文件。默认情况下, 自动保存的文件保存在"工程目录"中, 读者也可以自定义保存路径。

图1-11

3.场景单位

在制作场景文件之前, 需要根据要求设置相应的场景单位。在"设置"面板中切换到"单位"选项卡, 可以看到Cinema 4D的默认单位为"厘米", 如图1-12所示。若是导入外部文件, 有可能因为单位不同而让模型大小出现变化, 所以建议读者勾选"自动转换单位"选项, 以达到自动缩放模型的目的。

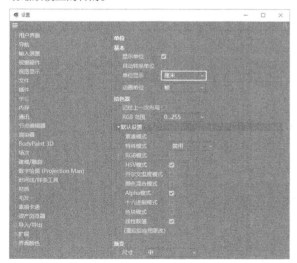

图1-12

如果要统一修改场景单位为"毫米", 需要在"单位显示"下拉列表中选择"毫米"选项, 如图1-13所示。这里只修改了对象的显示单位, 而场景本身还是以"厘米"为单位进行计算的。

图1-13

在"属性"面板的"工程"选项卡中还需要设置"工程缩放"的单位为"毫米", 如图1-14所示。这样就把对象的显示单位和场景本身的单位统一为"毫米"。

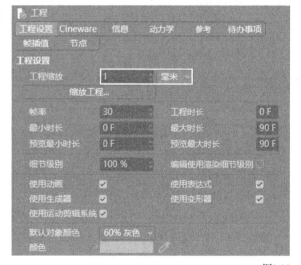

图1-14

1.2.3 移动/旋转/缩放视窗

▶️ 演示视频 003- 移动 / 旋转 / 缩放视窗

通过移动、旋转和缩放视窗, 能很好地观察视窗中的模型, 从而进行后续的制作。下面介绍移动、旋转和缩放视窗的操作方法。

移动视窗（Alt键+鼠标中键）： 按住Alt键，然后按住鼠标中键拖曳鼠标，即可平移视窗，如图1-15所示。

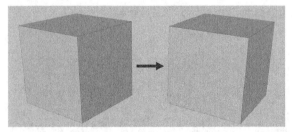

图1-15

旋转视窗（Alt键+鼠标左键）： 按住Alt键，然后按住鼠标左键拖曳鼠标，即可围绕选定的对象旋转视窗，如图1-16所示。

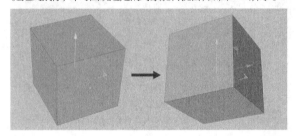

图1-16

📝 **技巧与提示**

在制作模型时经常会遇到一旋转视窗，画面中心就离模型很远，不在模型中心的情况。此时若已经选中了模型，那么在视窗空白区域单击鼠标右键，在弹出的菜单中选择"框显选择中的对象"选项，如图1-17所示，这样就能让选中的对象处于画面中心位置。

若场景中没有对象被选中，就在鼠标右键菜单中选择"框显几何体"选项，如图1-18所示，场景中的所有对象都会显示在画面中心位置。

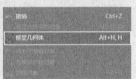

图1-17   图1-18

缩放视窗（滚动鼠标滚轮）： 滚动鼠标滚轮，就能放大或缩小视窗中的对象显示比例，如图1-19所示。

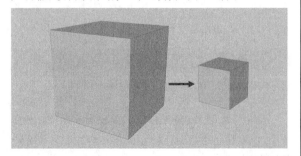

图1-19

1.2.4 切换视窗

▶️ 演示视频 004- 切换视窗

在默认情况下，软件只显示"透视视图"一个视窗，如图1-20所示。"透视视图"中会显示模型的三维效果，它是一个三维视窗。

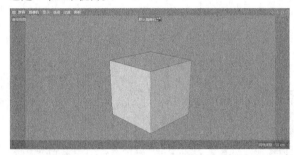

图1-20

在视窗中单击鼠标中键，就可以从单一的视窗切换到四视窗模式，如图1-21所示。在四视窗模式中，会显示除"透视视图"以外的另外3个二维视窗，分别为"顶视图""右视图""正视图"。二维视图能显示三维模型中的两个维度，在拼合模型和创建样条时非常方便。

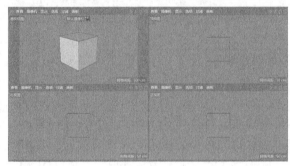

图1-21

在需要放大的视窗上单击鼠标中键，就能放大该视窗，从而更加方便地观察模型细节。图1-22所示是放大显示的"顶视图"。

图1-22

📝 **技巧与提示**

单击视窗右上角的 ▦ 按钮，也能切换视窗显示的模式。

1.2.5 移动/旋转/缩放对象

▶▷ 演示视频 005- 移动 / 旋转 / 缩放对象

在编辑对象时,常常需要移动、旋转和缩放对象,通过工具栏中的工具按钮,就能快速完成以上3种操作。

移动对象:选中视窗中的对象,然后在工具栏中单击"移动"按钮 ⊕(E键),对象上会出现一个坐标轴,如图1-23所示,其中红色代表x轴,绿色代表y轴,蓝色代表z轴,拖曳相应的坐标轴,就能沿此轴移动对象。

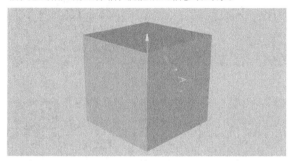

图1-23

旋转对象:在工具栏中单击"旋转"按钮 ⊙(R键),对象上会出现球形坐标轴,如图1-24所示,拖曳相应的坐标轴,就能沿此轴旋转对象。

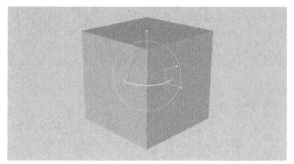

图1-24

缩放对象:在工具栏中单击"缩放"按钮 ▣(T键),对象上会出现坐标轴,如图1-25所示,拖曳相应的坐标轴,就能沿此轴缩放对象。

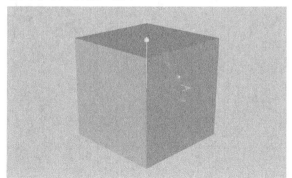

图1-25

1.2.6 切换对象的显示模式

▶▷ 演示视频 006- 切换对象的显示模式

默认情况下,模型对象以"光影着色"模式显示,如图1-26所示。如果需要观察模型对象的布线,就需要切换到"光影着色(线条)"模式,如图1-27所示。切换对象显示模式的方式有两种,下面逐一介绍。

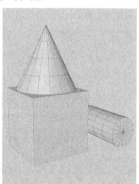

图1-26   图1-27

第1种:单击视图窗口中的"显示"菜单,然后切换不同的显示模式,如图1-28所示。

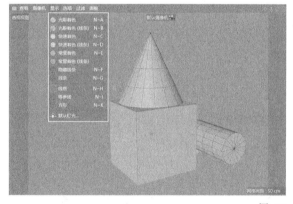

图1-28

第2种:按N键后,视图窗口中会显示一个列表,按相应的快捷键就可以切换显示模式,如图1-29所示。

除了常见的"光影着色"和"光影着色(线条)"两种模式外,还可以切换到"线条"模式,如图1-30所示。

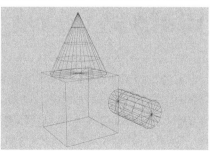

图1-29   图1-30

1.2.7 复制对象

▶ 演示视频 007– 复制对象

复制对象是建模过程中使用频率非常高的一项操作。在Cinema 4D中可以通过3种方式复制对象，下面逐一进行介绍。

第1种：选中需要复制的对象后按快捷键Ctrl+C，然后按快捷键Ctrl+V，复制的对象与原对象重叠，需要使用"移动"工具➕等进行下一步操作。

第2种：选中需要复制的对象，然后在"对象"面板中按快捷键Ctrl+C，接着按快捷键Ctrl+V，就可以在"对象"面板上看到复制的新对象，如图1-31所示。复制的对象与原对象在视图窗口中是重叠的。

图1-31

第3种：选中需要复制的对象，然后按住Ctrl键移动、旋转或缩放对象，就可以复制出新的对象，如图1-32所示。

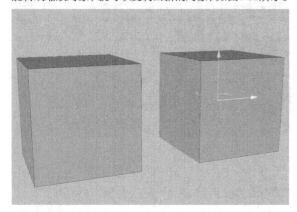

图1-32

1.2.8 放置

▶ 演示视频 008– 放置

"放置"工具■是Cinema 4D S24中新加入的功能，可以快速帮助用户实现模型的对接。在旧版本中要实现模型的无缝对接，就必须依靠"捕捉"工具■，相对比较麻烦。"放置"工具■用动力学的方式将两个模型进行碰撞，实现自然的对接效果。

在"工具"菜单中可以找到"放置"工具■，如图1-33所示。选择"放置"工具■，然后在视窗中选中需要放置的对象，将其移动到被放置的对象周围，此时可以看到放置对象自动吸附在被放置对象的边缘，如图1-34所示。

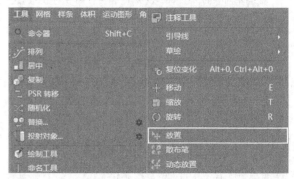

图1-33

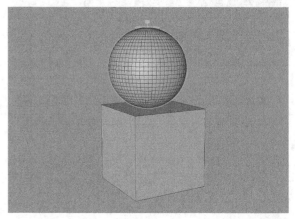

图1-34

📝 **技巧与提示**

在工具栏中直接单击"放置"按钮■也可以使用"放置"工具■。

与"放置"工具■相似的是"动态放置"工具■，该工具可以实现移动和旋转的效果，如图1-35所示。

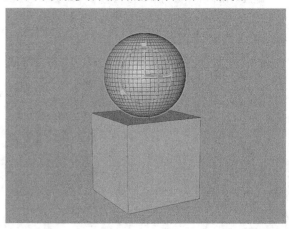

图1-35

第 **2** 章

参数化对象建模

参数化对象是指通过调整对象的"属性"面板
中的参数可以形成不同形态的对象。软件中的"参
数对象"和"样条"都是参数化对象,也是建模的
基础。任何复杂的模型都是在参数化对象的基础上
变形、组合而来的。

学习目标

◇ 掌握参数对象

◇ 掌握样条

◇ 熟悉建模思路

2.1 参数对象

参数对象是Cinema 4D中自带的三维模型,用户只要单击相应的按钮,就能在视窗中创建相应的模型,如图2-1所示。

图2-1

本节工具介绍

工具名称	工具作用	重要程度
平面	用于创建平面	高
立方体	用于创建立方体	高
球体	用于创建球体	高
圆柱体	用于创建圆柱体	高
金字塔	用于创建四棱锥	中
圆锥体	用于创建圆锥体	中
圆环面	用于创建圆环模型	中
管道	用于创建空心圆柱体	中
文本	用于创建文本模型	高

2.1.1 平面

演示视频 009- 平面

"平面"工具 在建模过程中使用的频率非常高,常用于创建墙面和地面等。平面对象及其参数面板如图2-2所示。

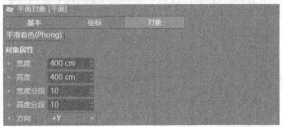

图2-2

宽度:设置平面的宽度。

高度:设置平面的高度。

宽度分段:设置平面宽度轴的分段数量。

高度分段:设置平面高度轴的分段数量。

2.1.2 立方体

演示视频 010- 立方体

立方体是参数对象中常用的模型之一。使用"立方体"工具 可以创建出很多模型,同时还可以将立方体用作可编辑对象建模的基础模型。立方体对象及其参数面板如图2-3所示。

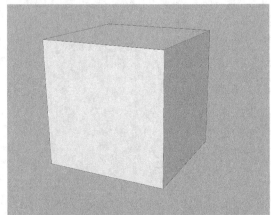

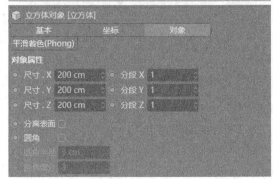

图2-3

尺寸.X/尺寸.Y/尺寸.Z:分别控制立方体在x轴、y轴和z轴的长度。

分段X/分段Y/分段Z:分别控制每个轴上的分段数量。

分离表面:勾选该选项后,立方体将转换为可编辑对象,此时每个面将转换为单独的对象。

圆角:勾选该选项后,立方体呈现圆角效果,同时激活"圆角半径"和"圆角细分"选项。

圆角半径:控制圆角的大小。

圆角细分:控制圆角的圆滑程度。

📄 课堂案例

用立方体制作抽象3D背景

场景文件	无
实例文件	实例文件>CH02>课堂案例：用立方体制作抽象3D背景.c4d
视频名称	课堂案例：用立方体制作抽象3D背景.mp4
学习目标	学习立方体的创建方法，熟悉建模思路

本案例使用立方体制作一个抽象的3D背景，模型效果如图2-4所示。通过案例的制作，读者不仅可以掌握立方体的使用方法，还可以熟悉建模的思路。

图2-4

01 单击"立方体"按钮 ⬡ 立方体 ，在场景中创建一个立方体，然后在右侧"属性"面板中设置"尺寸.X"为20cm，"尺寸.Y"为20cm，"尺寸.Z"为20cm，接着勾选"圆角"选项，设置"圆角半径"为1cm，"圆角细分"为3，如图2-5所示。

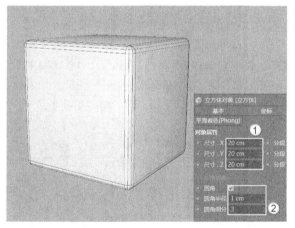

图2-5

02 选中上一步创建的立方体，然后按住Ctrl键向右复制一个新的立方体，如图2-6所示。

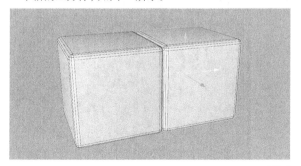

图2-6

03 将选中的立方体向右复制一个，如图2-7所示。

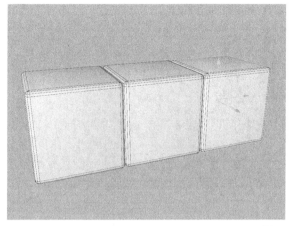

图2-7

04 将上一步复制的立方体向上复制两个，如图2-8所示。

图2-8

05 选中最上方的立方体，然后向后复制两个立方体模型，如图2-9所示。

图2-9

06 按照步骤02~05的方法复制另一侧的立方体模型，案例最终效果如图2-10所示。

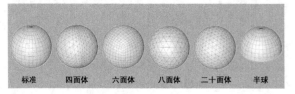

图2-10

2.1.3 球体

▶ 演示视频 011- 球体

球体也是常用的参数对象之一。在Cinema 4D中，使用"球体"工具 可以创建完整的球体，也可以创建半球体或球体的其他部分，球体对象及其参数面板如图2-11所示。

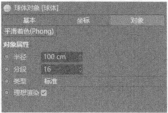

图2-11

半径：设置球体的半径。

分段：设置球体多边形分段的数目，默认为16；分段越多，球体越圆滑，反之则越粗糙；图2-12所示是"分段"值分别为8和36时的球体对比。

图2-12

类型：设定球体的类型，包括"标准""四面体""六面体""八面体""二十面体""半球"，如图2-13所示。

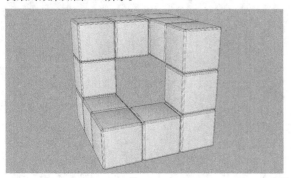

| 标准 | 四面体 | 六面体 | 八面体 | 二十面体 | 半球 |

图2-13

🎬 **课堂案例**

用球体制作创意几何空间

场景文件	无
实例文件	实例文件>CH02>课堂案例：用球体制作创意几何空间.c4d
视频名称	课堂案例：用球体制作创意几何空间.mp4
学习目标	学习球体的创建方法

本案例用不同分段的球体组成一个创意几何模型，模型效果如图2-14所示。

图2-14

01 单击"球体"按钮 ，在场景中创建一个球体，然后在"对象"选项卡中设置"半径"为100cm，"分段"为8，如图2-15所示。

图2-15

02 选中创建的球体模型，按快捷键Ctrl+C和快捷键Ctrl+V原位复制一个球体，然后修改"半径"为120cm，"分段"为10，"类型"为二十面体，如图2-16所示。

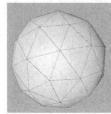
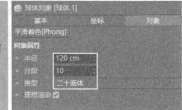

图2-16

03 长按"细分曲面"按钮 ，在弹出的面板中选择"晶格"选项，如图2-17所示。

图2-17

04 在"对象"面板中将"球体.1"拖曳到"晶格"的子层级，如图2-18所示。此时球体会生成网格效果，如图2-19所示。

 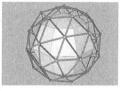

图2-18　　　　　　　　　　　　图2-19

05 选中"晶格"生成器，然后设置"球体半径"为6cm，"圆柱半径"为0.7cm，"细分数"为16，如图2-20所示。

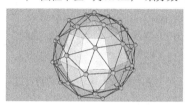 

图2-20

技巧与提示

"晶格"生成器的相关内容请参阅"3.1.6 晶格"。

06 使用"球体"工具在场景中创建一个球体模型，设置"半径"为15cm，"分段"为24，如图2-21所示。

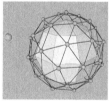 

图2-21

07 将上一步创建的球体模型复制多个，然后摆放到大球体的周围，案例最终效果如图2-22所示。

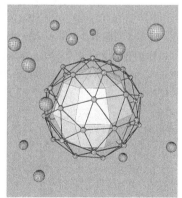

图2-22

技巧与提示

使用"克隆"生成器可以快速复制球体，并随机调整球体的位置和大小。有关"克隆"生成器的使用方法，请参阅"11.1.1 克隆"的相关内容。

2.1.4 圆柱体

▶ 演示视频 012- 圆柱体

圆柱体也是常用的参数对象之一。"圆柱体"工具用于创建圆柱体，圆柱对象的参数面板与圆锥对象一样，由"对象属性""封顶""切片"3个部分组成，如图2-23所示。

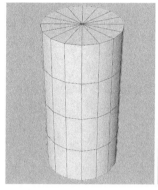 

图2-23

半径：设置圆柱体的半径。

高度：设置圆柱体的高度。

封顶：取消勾选该选项后，圆柱体顶部和底部的圆面会消失，如图2-24所示。

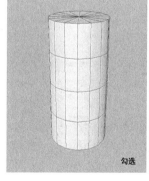 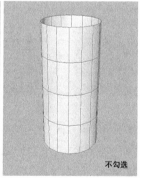

图2-24

分段：控制顶部和底部圆面的分段数。

圆角：勾选该选项后，圆柱体会呈圆角效果，如图2-25所示。

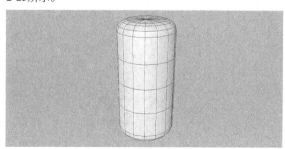

图2-25

分段：控制圆角的分段数量，分段越多，圆角会越圆滑。

半径：控制圆角的大小。

切片：控制是否开启"切片"功能。

起点/终点：设置围绕高度轴旋转生成的模型大小，如图2-26所示。

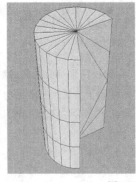

图2-26

📝 **技巧与提示**

对于"起点"和"终点"这两个选项，设置为正数将按逆时针移动切片的末端，设置为负数将按顺时针移动切片的末端。

📇 **课堂案例**

用圆柱体制作棒棒糖

场景文件	无
实例文件	实例文件>CH02>课堂案例：用圆柱体制作棒棒糖.c4d
视频名称	课堂案例：用圆柱体制作棒棒糖.mp4
学习目标	学习圆柱体的创建方法，了解模型组合的思路

本案例的棒棒糖模型是由不同形态的圆柱体组合而成的，模型效果如图2-27所示。

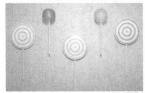

图2-27

① 使用"圆柱体"工具 在场景中创建一个圆柱体，然后在"对象"选项卡中设置"半径"为100cm，"高度"为15cm，"高度分段"为1，"旋转分段"为36，"方向"为+X，接着在"封顶"选项卡中勾选"圆角"选项，设置"分段"为5，"半径"为5cm，如图2-28所示。

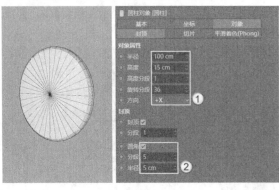

图2-28

② 在场景中创建一个圆柱体，然后在"对象"选项卡中设置"半径"为5cm，"高度"为250cm，"方向"为+Y，接着将该圆柱体放置在图2-29所示的位置。

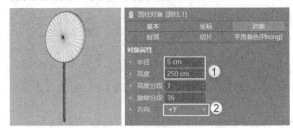

图2-29

📝 **技巧与提示**

Cinema 4D中创建的模型默认自动出现在原点处，因此这两个圆柱体是原点对齐的，只需要移动y轴方向上的位置即可。

③ 新建一个圆柱体，然后在"对象"选项卡中设置"半径"为50cm，"高度"为100cm，接着在"封顶"选项卡中勾选"圆角"选项，设置"分段"为5，"半径"为40cm，如图2-30所示。

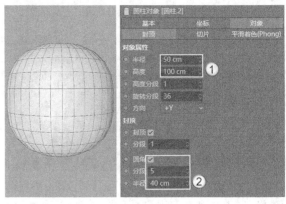

图2-30

④ 将步骤02中创建的圆柱体复制一个，将其移动到上一步创建的圆柱体下方，如图2-31所示。

图2-31

05 将制作好的两组棒棒糖模型进行复制，然后摆出图2-32所示的造型。至此，案例制作完成。

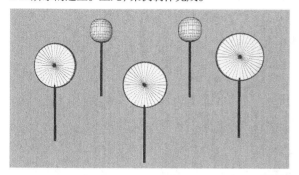

图2-32

2.1.5 金字塔

▶ 演示视频013-金字塔

金字塔（锥体对象）的底面是正方形或矩形，侧面是三角形，"金字塔"工具 ⚠ 金字塔 在旧版本的软件中叫作"角锥"。锥体对象及其参数设置面板如图2-33所示。

图2-33

尺寸：设置模型对应面三角形的边长。

分段：设置模型的分段数。

2.1.6 圆锥体

▶ 演示视频014-圆锥体

圆锥体形状的物体在现实生活中经常看到，例如冰激凌的外壳、吊坠等。"圆锥体"工具 ⚠ 圆锥体 用于创建圆锥体，圆锥对象的参数面板由"对象属性""封顶""切片"3个部分组成，如图2-34所示。

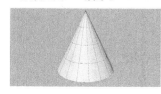

图2-34

顶部半径：设置圆锥体顶部的半径，最小值为0cm。

底部半径：设置圆锥体底部的半径，最小值为0cm。

高度：设置圆锥体的高度。

高度分段：设置圆锥体高度轴的分段数。

旋转分段：设置围绕圆锥体顶部和底部的分段数，数值越大，圆锥体越圆滑，对比效果如图2-35所示。

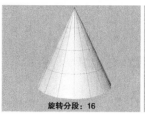 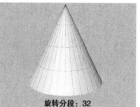

图2-35

方向：设置圆锥体的朝向。

📝 **技巧与提示**

圆锥体的封顶和切片参数与圆柱体一样，这里不再赘述。

2.1.7 圆环面

▶ 演示视频015-圆环面

"圆环面"工具 ⬭ 圆环面 用于创建环形或具有圆形横截面的环状物体。圆环对象的参数面板由"对象属性"和"切片"两部分组成，如图2-36所示。

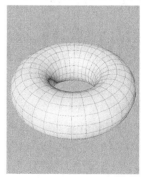 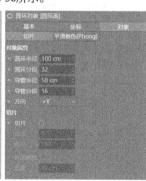

图2-36

圆环半径：设置圆环面整体的半径。

圆环分段：设置围绕圆环面的分段数目，数值越大，圆环面越圆滑，对比效果如图2-37所示。

 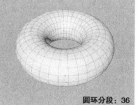

图2-37

导管半径：设置导管的半径，数值越大，导管越粗，对比效果如图2-38所示。

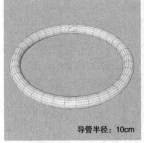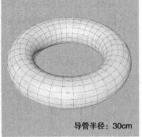

导管半径：10cm　　　导管半径：30cm

图2-38

导管分段：设置导管的分段数，数值越大，导管越圆滑，对比效果如图2-39所示。

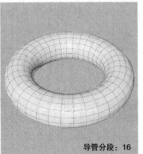

导管分段：8　　　导管分段：16

图2-39

> **技巧与提示**
> 圆环面的切片参数与圆柱体一样，这里不再赘述。

2.1.8 管道

▶ 演示视频016- 管道

"管道"工具 用于创建管道，管道的外形与圆柱体相似，不过管道是空心的，因此有两个半径。管道对象的参数面板由"对象属性"和"切片"两部分组成，如图2-40所示。

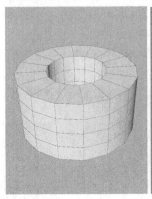

图2-40

内部半径/外部半径：内部半径是指管道的内径，外部半径是指管道的外径，如图2-41所示。

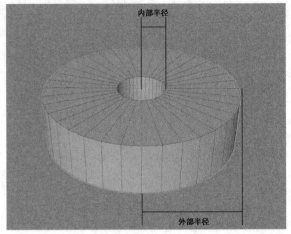

图2-41

旋转分段：设置管道两端圆环面的分段数量。数值越大，管道越圆滑，对比效果如图2-42所示。

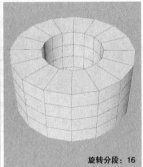

旋转分段：8　　　旋转分段：16

图2-42

封顶分段：设置绕管状体顶部和底部的中心的同心分段数量，对比效果如图2-43所示。

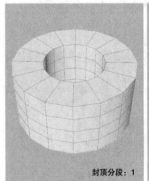

封顶分段：1　　　封顶分段：3

图2-43

高度：设置管道的高度。

高度分段：设置管道在高度轴上的分段数。

圆角：勾选该选项后管道两端形成圆角，同时激活"分段"和"半径"选项，用于控制圆角的大小。

2.1.9 文本

演示视频017- 文本

"文本"工具 T 文本 可以直接创建文本模型,而且还可以调节倒角效果,对于制作立体文本模型非常方便,文本及参数面板如图2-44所示。

图2-44

深度:设置文本模型的厚度。

细分数:设置文本模型在厚度面上的分段,对比效果如图2-45所示。

细分数:1

细分数:3

图2-45

文本样条:在输入框内可以输入用于生成文本模型的内容。

高度:设置文本模型的高度,数值越大,文本模型越大。

起点封盖/终点封盖:默认勾选,代表文本模型前后两个面是封闭状态,图2-46所示是取消勾选的效果。

图2-46

倒角外形:设置文本模型的倒角类型,在下拉列表中可以选择不同的类型,如图2-47所示。

尺寸:设置倒角的深度。

图2-47

📝 **技巧与提示**

"文本"工具 T 文本 是将样条中的"文本样条"工具 T 文本样条 和"挤压"生成器 ⚙ 整合后的工具,其参数的具体用法可以参考这两个工具。在旧版本软件中,"文本"工具 T 文本 被归类在"运动图形"菜单中。

🔲 **课堂案例**

用"文本"工具制作立体字

场景文件	无
实例文件	实例文件>CH02>课堂案例:用"文本"工具制作立体字.c4d
视频名称	课堂案例:用"文本"工具制作立体字.mp4
学习目标	练习"文本"工具的用法

本案例使用"文本"工具 T 文本 制作立体字模型,案例效果如图2-48所示。

图2-48

01 使用"文本"工具 T 文本 在场景中创建文本模型,然后设置"深度"为30cm,"文本样条"为2,"字体"为"思源黑体Bold","高度"为200cm,"倒角外形"为圆角,"尺寸"为3cm,如图2-49所示。

图2-49

02 将上一步制作的文本模型复制4个，然后修改文本内容，效果如图2-50所示。

图2-50

03 使用"圆柱体"工具 ▣圆柱体 在文本模型下方创建一个圆柱体模型，然后设置"半径"为70cm，"高度"为400cm，"旋转分段"为24，接着勾选"圆角"选项，设置"分段"为10，"半径"为3cm，如图2-51所示。

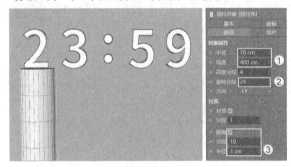

图2-51

04 将上一步创建的圆柱体复制4个，然后调整不同的高度，同时调整文本模型的高度，如图2-52所示。

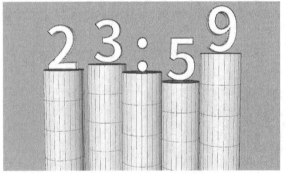

图2-52

05 复制几个圆柱体模型，然后调整"半径"和"高度"的数值，作为场景的配景，案例最终效果如图2-53所示。

图2-53

▣ 课堂案例

用参数对象制作电商展台

场景文件	无
实例文件	实例文件>CH02>课堂案例：用参数对象制作电商展台.c4d
视频名称	课堂案例：用参数对象制作电商展台.mp4
学习目标	练习参数对象的用法和建模思路

本案例用本节学习的工具制作一个电商展台场景，案例效果如图2-54所示。

图2-54

01 使用"圆柱体"工具 ▣圆柱体 在场景中创建一个圆柱体模型，设置"半径"为300cm，"高度"为30cm，"高度分段"为1，"旋转分段"为32，如图2-55所示。

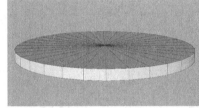

图2-55

02 将上一步创建的圆柱体向上复制一个，然后修改"半径"为200cm，如图2-56所示。

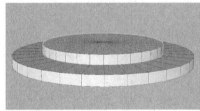

图2-56

03 在右侧新建一个圆柱体，然后设置"半径"为80cm，"高度"为20cm，接着勾选"切片"选项，设置"起点"为0°，"终点"为180°，如图2-57所示。

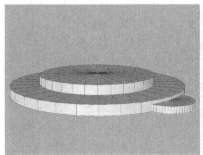

图2-57

04 选中步骤01和步骤02中创建的两个圆柱体模型，然后复制一份并旋转一定角度，如图2-58所示。

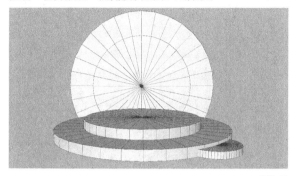

图2-58

05 使用"圆环面"工具 ⊙ 圆环面 在场景中创建一个圆环模型，设置"圆环半径"为120cm，"导管半径"为40cm，然后勾选"切片"选项，设置"起点"为90°，"终点"为270°，如图2-59所示。

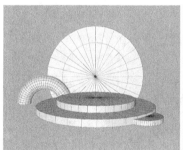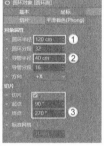

图2-59

06 将上一步创建的圆环模型向右复制一个，然后设置"导管半径"为30cm，并取消勾选"切片"选项，如图2-60所示。

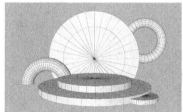

图2-60

07 使用"圆柱体"工具 圆柱体 在右侧创建一个圆柱体模型，设置"半径"为160cm，"高度"为30cm，如图2-61所示。

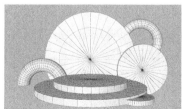

图2-61

08 将上一步创建的圆柱体模型向左复制一个，位置如图2-62所示。

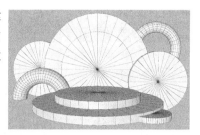

图2-62

09 使用"平面"工具 ▣ 平面 在场景中创建两个平面模型作为地面和背景板，如图2-63所示。至此，案例制作完成。

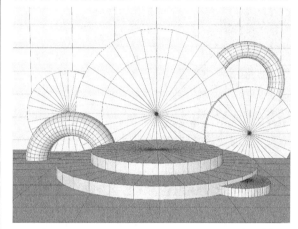

图2-63

用几何体制作积木

场景文件	无
实例文件	实例文件>CH02>课堂练习：用几何体制作积木.c4d
视频名称	课堂练习：用几何体制作积木.mp4
学习目标	练习几何体的创建方法

本案例使用参数对象制作一个积木模型，效果如图2-64所示。建模的步骤分解如图2-65所示。

图2-64

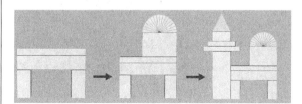

图2-65

2.2 样条

样条是Cinema 4D中自带的二维图形，用户可以通过画笔绘制线条，也可以直接创建出特定的图形，如图2-66所示。

图2-66

本节工具介绍

工具名称	工具作用	重要程度
样条画笔	用于绘制任意形状的二维线	高
星形	用于绘制星形图案	中
圆环	用于绘制圆环图案	中
文本样条	用于绘制文字样条	高
螺旋线	用于绘制螺旋图案	中
矩形	用于绘制矩形图案	中

2.2.1 样条画笔

📹 演示视频 018- 样条画笔

"样条画笔"工具可以绘制任意形状的二维线。二维线的形状不受约束，可以封闭，也可以不封闭，拐角处可以是尖锐的，也可以是圆滑的。样条画笔的参数面板如图2-67所示。

图2-67

类型：系统提供了5种类型的绘制模式，分别是"线性""立方""Akima""B-样条线""贝塞尔"。

■ **知识点**: 用样条画笔绘制直线的方法

Cinema 4D的"样条画笔"工具类似于3ds Max中的"线"工具，但却不能像"线"工具一样，直接按住Shift键绘制水平或垂直的直线。

若想在Cinema 4D中绘制直线，可以采用以下两种方法。

方法1：借助"启用捕捉"工具和背景栅格。打开"启用捕捉"工具和"网格点捕捉"选项，然后用"样条画笔"工具沿着栅格就能绘制出水平或垂直的直线，如图2-68和图2-69所示。

图2-68

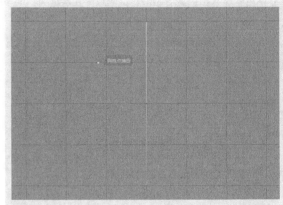

图2-69

方法2：利用"缩放"工具对齐点。选中图2-70所示的样条线的两个点，然后在坐标窗口中设置两个点的x轴为0cm，即可使样条变为垂直，如图2-71所示。

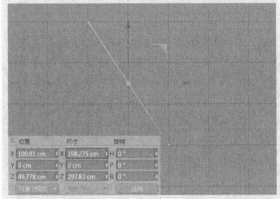

图2-70

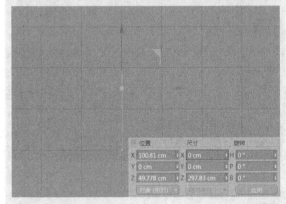

图2-71

📋 课堂案例

用样条画笔绘制玻璃瓶

场景文件	无
实例文件	实例文件>CH02>课堂案例：用样条画笔绘制玻璃瓶.c4d
视频名称	课堂案例：用样条画笔绘制玻璃瓶.mp4
学习目标	掌握样条画笔工具的用法，了解"旋转"生成器

本案例使用"样条画笔"工具绘制玻璃瓶的剖面，

然后使用"旋转"生成器  生成模型，案例效果如图2-72所示。

图2-72

01 在正视图中，用"样条画笔"工具 绘制玻璃瓶的剖面，如图2-73所示。绘制完成后按Esc键取消绘制。

图2-73

> **技巧与提示**
>
> Cinema 4D的样条不是纯色的，而是蓝白渐变的。白色一端代表样条的起始端，蓝色一端代表样条的结束端。

02 单击鼠标右键，在弹出的菜单中选择"创建轮廓"选项 ，如图2-74所示。

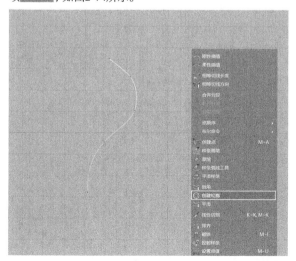

图2-74

03 拖曳鼠标，就可以为原有的样条添加一个轮廓，如图2-75所示。

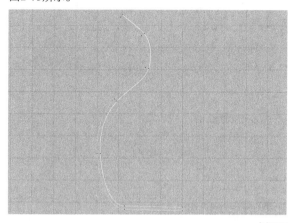

图2-75

04 单击"模型"按钮 退出编辑状态，然后单击"旋转"按钮 ，接着在"对象"面板中将"样条"放置于"旋转"的下方，成为其子层级，如图2-76所示，此时样条效果如图2-77所示。

图2-76

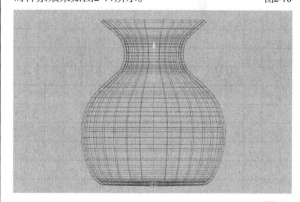

图2-77

> **技巧与提示**
>
> "旋转"生成器 的相关内容请参阅"3.1.8旋转"。

05 切换到透视视图，仔细观察发现，瓶子底部有共面的情况，如图2-78所示。选中"样条"选项，然后移动样条的位置使其不产生共面的情况，瓶子最终效果如图2-79所示。

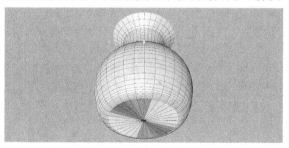

图2-78

图2-79

📝 **技巧与提示**

　　如果想要瓶子更加圆滑，在"旋转"选项的"对象"选项卡中增大"细分数"的数值即可。

📖 课堂练习

用样条画笔制作发光线条

场景文件	无
实例文件	实例文件>CH02>课堂练习：用样条画笔制作发光线条.c4d
视频名称	课堂练习：用样条画笔制作发光线条.mp4
学习目标	掌握样条画笔工具的用法

　　本案例使用"样条画笔"工具  绘制线条的路径，然后使用"矩形"工具  和"扫描"生成器 制作线条模型，效果如图2-80所示。建模的步骤分解如图2-81所示。

图2-80

 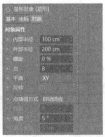

图2-81

2.2.2 星形

▶ 演示视频 019- 星形

　　"星形"工具 可以绘制任意点数的星形图案，其参数面板如图2-82所示。

图2-82

内部半径：设置内部点的半径。

外部半径：设置外部点的半径。

螺旋：设置星形旋转的角度，如图2-83所示。

点：设置星形的点数，默认为8。

图2-83

知识点：点插值方式

　　"点插值方式"可以更改样条上点的分布情况，从而更改样条的平滑程度。图2-84所示的圆形边缘不是很圆滑，仍然可以观察到明显的拐角。

　　当设置"点插值方式"为"无"时，圆形会变成由4个点连接而成的矩形，如图2-85所示。

图2-84　　　　　　　　　　　　　图2-85

　　当设置"点插值方式"为"自然"时，会激活"数量"参数，如图2-86所示。将"数量"设置为16，就可以明显观察到圆形的边缘变得圆滑，如图2-87所示。

图2-86

图2-87

　　当设置"点插值方式"为"统一"时，同样会激活"数量"参数。

　　当设置"点插值方式"为"自动适应"时，会激活"角度"参数，如图2-88所示。"角度"数值越小，圆形的边缘就越圆滑，对比效果如图2-89所示。

图2-88

角度：5°　　　　　　　　　角度：50°

图2-89

　　当设置"点插值方式"为"细分"时，会激活"角度"和"最大长度"参数，如图2-90所示。合理设置这两个参数，就能使样条的边缘变得圆滑。

图2-90

2.2.3 圆环

▶ 演示视频 020- 圆环

"圆环"工具 ◎ 圆环 可以绘制出不同大小的圆形样条，其参数面板如图2-91所示。

图2-91

椭圆：勾选该选项后，可以激活另一个"半径"参数，如图2-92所示；合理设置这两个半径，就能将圆形样条转换为椭圆样条，如图2-93所示。

图2-92   图2-93

环状：勾选该选项后，呈现同心圆样条，如图2-94所示，同时激活"内部半径"选项。

内部半径：设置内部圆环的大小。

图2-94

2.2.4 文本样条

▶ 演示视频 021- 文本样条

"文本样条"工具 文本样条 可以在场景中生成文字样条，方便制作各种立体字，其参数面板如图2-95所示。

图2-95

文本样条：在输入框内输入文本。若要输入多行文本，按Enter键切换到下一行。

字体：设置文本显示的字体。

📝 **技巧与提示**

"字体"下拉列表中的字体是本机所安装的字体，没有安装的字体是不会显示在其中的。

对齐：设置文本对齐类型。系统提供"左""中对齐""右"3种。

高度：设置文本的高度。

水平间隔：设置文字间的间距。

垂直间隔：调整行与行的间距（只对多行文本起作用）。

显示3D界面：勾选该选项后，可以单独调整每个文字的样式，界面效果如图2-96所示。

图2-96

📄 **课堂案例**

用文本样条制作灯牌

场景文件	无
实例文件	实例文件>CH02>课堂案例：用文本样条制作灯牌.c4d
视频名称	课堂案例：用文本样条制作灯牌.mp4
学习目标	掌握文本样条工具的用法，了解"扫描"生成器

本案例使用"文本样条"工具 文本样条 输入灯牌的文字，然后使用"扫描"生成器 扫描 生成模型，效果如图2-97所示。

图2-97

01 在正视图中单击"文本样条"按钮 ⊥ 文本样条，然后在"对象"选项卡的"文本样条"输入框内输入QUIZ TIME，接着设置"字体"为TechnicBold，"高度"为200cm，"水平间隔"为20cm，具体参数设置及模型效果如图2-98所示。

图2-98

📝 **技巧与提示**

　　读者可以选择自己喜欢的字体，案例中的字体仅供参考。

02 勾选"显示3D界面"选项，然后单独调整每个字母的位置，使文字两端对齐，效果如图2-99所示。

图2-99

03 使用"圆环"工具 ○ 圆环 在场景中创建一个圆环，然后设置"半径"为5cm，如图2-100所示。

图2-100

04 长按"挤压"按钮 ，在弹出的菜单中选择"扫描"选项 扫描，如图2-101所示。

图2-101

05 在"对象"面板中将"圆环"和"文本"两个对象都作为"扫描"的子层级，且保持"圆环"在"文本"的上方，

如图2-102所示。此时视窗中的文本样条变成有厚度的模型，如图2-103所示。

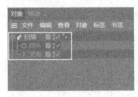

图2-102　　　　　　　　　　　　　　图2-103

📝 **技巧与提示**

　　关于"扫描"生成器 扫描 的详细用法，请参阅"3.1.10 扫描"。

06 使用"矩形"工具 矩形 在文字模型外围绘制一个矩形样条，设置"宽度"为600cm，"高度"为450cm，然后勾选"圆角"选项，设置"半径"为80cm，如图2-104所示。

图2-104

07 使用"圆环"工具 ○ 圆环 创建一个"半径"为3cm的圆环样条，如图2-105所示。

图2-105

08 使用"扫描"生成器 扫描 对上一步创建的圆环和矩形进行扫描，生成的模型效果如图2-106所示。

图2-106

⓿⓿ 使用"平面"工具  在模型背后创建一个平面模型，案例最终效果如图2-107所示。

图2-107

2.2.5 螺旋线

▶️ 演示视频 022- 螺旋线

"螺旋线"工具 可以绘制弹簧、蚊香等图案，其参数面板如图2-108所示。

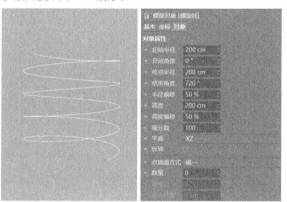

图2-108

起始半径：设置起始端的半径。

开始角度：设置起始端的旋转角度。

终点半径：设置终点端的半径。

结束角度：设置终点端的旋转角度。

📝 **技巧与提示**

"开始角度"和"结束角度"可以控制螺旋旋转的圈数。

半径偏移：设置螺旋两端半径的过渡效果，对比效果如图2-109所示。

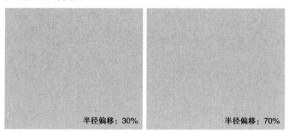

半径偏移：30%　　　　半径偏移：70%

图2-109

高度：设置螺旋的高度。

高度偏移：控制螺旋的高度过渡效果，对比效果如图2-110所示。

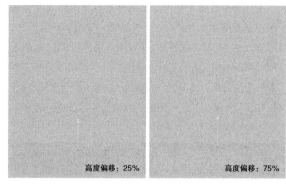

高度偏移：25%　　　　高度偏移：75%

图2-110

2.2.6 矩形

▶️ 演示视频 023- 矩形

"矩形"工具 可以绘制不同尺寸的方形图案，其参数面板如图2-111所示。

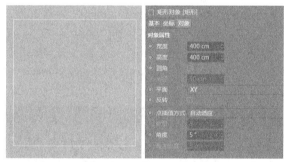

图2-111

宽度/高度：设置矩形的宽度和高度。

圆角：勾选该选项后矩形形成圆角效果，同时激活"半径"选项，对比效果如图2-112所示。

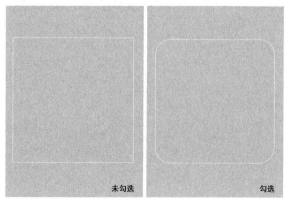

未勾选　　　　　　　　勾选

图2-112

半径：设置矩形圆角的半径。

2.3 本章小结

本章主要讲解了基础建模中常用的参数化几何体和样条。在参数化几何体中，详细讲解了常用工具的用法，包括立方体、球体、圆柱体、管道和平面等，同时介绍了拼凑模型的思路；在样条中，详细讲解了样条画笔和文本样条的使用方法。本章所讲解的虽是基础建模知识，却非常重要，希望读者对这些建模工具勤加练习。

2.4 课后习题

本节安排了两个课后习题供读者练习，这两个习题综合了本章知识。如果读者在练习时有疑问，可以一边观看教学视频，一边学习模型创建方法。

课后习题：制作装饰立体字

场景文件	无
实例文件	实例文件>CH02>课后习题：制作装饰立体字.c4d
视频名称	课后习题：制作装饰立体字.mp4
学习目标	练习文本样条、圆柱体和球体工具的用法

本案例用文本样条、"挤压"生成器、圆柱和球体制作装饰立体字，案例效果如图2-113所示。步骤分解如图2-114所示。

图2-113

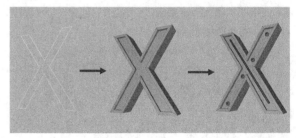

图2-114

课后习题：制作几何体展台

场景文件	无
实例文件	实例文件>CH02>课后习题：制作几何体展台.c4d
视频名称	课后习题：制作几何体展台.mp4
学习目标	练习常用几何体的创建方法

本案例用参数对象中的常用几何体制作一个简单的展台，案例效果如图2-115所示。步骤分解如图2-116所示。

图2-115

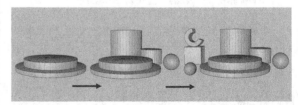

图2-116

第 3 章

生成器与变形器

本章将讲解 Cinema 4D 的生成器和变形器。生成器与变形器都是对第 2 章讲解的基础模型与样条进行形态变换的工具。使用生成器与变形器，读者可以将简单的模型做出丰富的造型。

学习目标

◇ 掌握常用生成器

◇ 掌握常用变形器

3.1 生成器

Cinema 4D中的生成器由两部分组成，如图3-1所示。其中"细分曲面"面板中的生成器适用于三维模型，而"挤压"面板中的生成器适用于二维样条。生成器不仅可以将样条转化为三维模型，也能对三维模型进行形态上和位置上的变化。

图3-1

本节工具介绍

工具名称	工具作用	重要程度
细分曲面	圆滑模型且同时增加分段线	中
布尔	对模型进行计算	高
对称	对已有模型进行镜像复制	中
减面	减少已有模型的面数	中
融球	使球体形成粘连效果	中
晶格	按照模型布线生成网格模型	中
挤压	给样条增加厚度	高
旋转	通过样条生成三维模型	高
放样	生成两个样条的连接过渡效果	中
扫描	让一个样条按照另一样条的路径生成三维模型	高
样条布尔	对样条进行布尔计算	中

3.1.1 细分曲面

▶ 演示视频 024- 细分曲面

"细分曲面"生成器可以将锐利边缘的模型进行圆滑，效果及参数面板如图3-2所示。

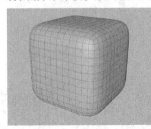

图3-2

技巧与提示

为对象添加生成器后，需要在"对象"面板中将选中的对象设置为生成器的子层级，如图3-3所示。

图3-3

类型：系统提供了6种细分方式，不同的方式形成的效果和模型布线都有所区别。

编辑器细分：控制细分圆滑的程度和模型布线的疏密；数值越大，模型越圆滑，模型布线也越多。

知识点：调整细分曲面的圆滑效果

添加了"细分曲面"生成器的模型圆滑的程度很深，并不是我们想要的效果，一般遇到这种情况就需要在模型转弯处添加线段，让圆滑的角度变小。下面将通过两组图演示其原理。

为图3-4所示的立方体添加"细分曲面"生成器后，效果如图3-5所示。

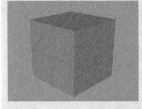

图3-4　　　　图3-5

给立方体的边缘添加线段，如图3-6所示。这时细分后的效果如图3-7所示。

图3-6　　　　图3-7

通过两组效果的对比，可以观察到转角处的线段距离越近，细分后的圆角角度越小。通过这个规律就可以在以后的建模中进行布线。

3.1.2 布尔

▶ 演示视频 025- 布尔

"布尔"生成器可以对两个三维模型进行相加、相减、交集和补集等计算。布尔效果及参数面板如图3-8所示。

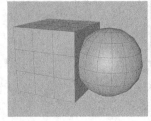

图3-8

布尔类型：设置对两个模型进行计算的方式，分别为"A加B""A减B""AB交集""AB补集"4种方式，如图3-9所示。

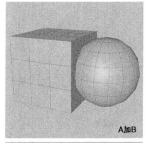
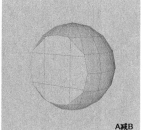

A加B

A减B

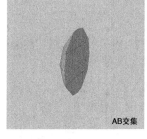
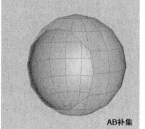

AB交集

AB补集

图3-9

📝 **技巧与提示**

在"布尔"生成器的子层级中，处于上方的是A对象，处于下方的是B对象，如图3-10所示。

图3-10

创建单个对象：勾选该选项后，转换为可编辑对象的模型会单独生成一个新对象，如图3-11所示。

图3-11

隐藏新的边：勾选该选项，会将计算得到的模型新生成的边隐藏，对比效果如图3-12所示。需要注意的是，隐藏的边本身是存在的，只是被隐藏而无法看到，如果进行倒角处理，还是会对模型产生影响。

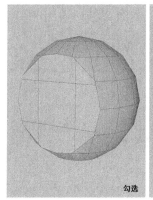
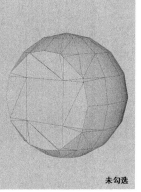

勾选

未勾选

图3-12

📓 **课堂案例**

用"布尔"生成器制作定位图标

场景文件　无

实例文件　实例文件>CH03>课堂案例：用"布尔"生成器制作定位图标.c4d

视频名称　课堂案例：用"布尔"生成器制作定位图标.mp4

学习目标　学习"布尔"生成器的使用方法

本案例用"圆环" ○ 圆环 、"挤压"生成器 🔩 和"布尔"生成器 布尔 制作定位图标，模型效果如图3-13所示。

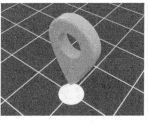

图3-13

01 单击"圆环"按钮 ○ 圆环 ，在场景中创建一个圆环样条，然后设置"半径"为200cm，如图3-14所示。

图3-14

02 在"模式工具栏"单击"转为可编辑对象"按钮 🔩 ，此时可以看到"对象"面板中"圆环"的图标变成蓝色的曲线，如图3-15所示。

图3-15

03 在"模式工具栏"单击"点"按钮 ⦿ ，然后选中外侧圆形下方的点并将其向下移动，如图3-16所示。

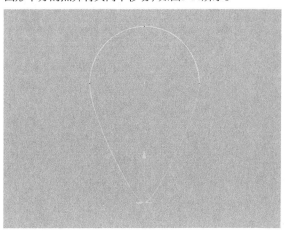

图3-16

04 使用"移动"工具➕选中白色的控制手柄，然后向坐标中心拖曳，使样条下方的点变尖，如图3-17所示。

图3-17

05 单击"挤压"按钮，然后将"圆环"样条放置在生成器的子层级，从而生成三维模型，如图3-18所示。模型效果如图3-19所示。

图3-18

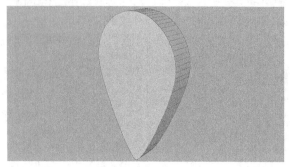

图3-19

> **技巧与提示**
> "挤压"生成器的详细内容请参阅"3.1.7 挤压"。

06 选中"挤压"选项，然后设置"偏移"为60cm，"倒角外形"为"圆角"，"尺寸"为20cm，"分段"为3，如图3-20所示。

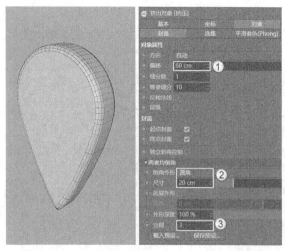

图3-20

07 使用"圆柱体"工具 在场景中创建一个圆柱体模型，然后设置"半径"为100cm，"高度"为200cm，"高度分段"为4，"旋转分段"为36，如图3-21所示。

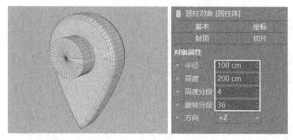

图3-21

> **技巧与提示**
> 圆柱的高度数值不是固定的，只需要比原有的挤压模型厚即可。

08 长按"细分曲面"按钮，在弹出的菜单中选择"布尔"选项，如图3-22所示。

图3-22

09 将"挤压"和"圆柱体"放置于"布尔"的子层级，并保持"挤压"在"圆柱体"的上方，如图3-23所示。生成的模型如图3-24所示。至此，本案例制作完成。

图3-23

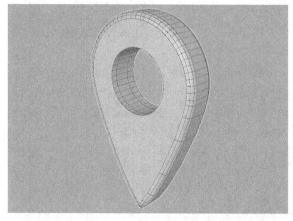

图3-24

3.1.3 对称

▶ 演示视频 026- 对称

"对称"生成器 是将模型镜像复制的工具，常用在可编辑对象的建模中。对称效果及参数面板如图3-25所示。

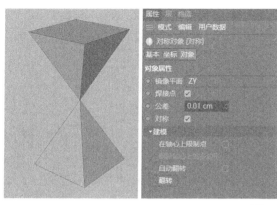

图3-25

镜像平面：设置对称轴。

焊接点：默认勾选该选项，可以将对称的模型定点连接。

公差：设置对称模型之间的距离。

3.1.4 减面

▶ 演示视频 027- 减面

"减面"生成器 ![图标] 可以将模型的面数减少，形成低多边形效果。在制作低多边形风格的模型时，这是必不可少的工具。减面效果及参数面板如图3-26所示。

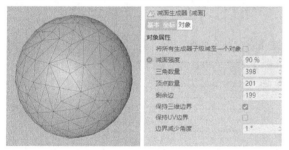

图3-26

减面强度：设置模型减面的效果，数值越大，减面的效果越强，对比效果如图3-27所示。

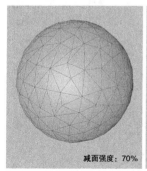
减面强度：70%

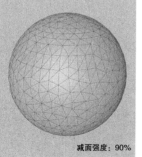
减面强度：90%

图3-27

三角数量：显示模型的三角面个数，此参数与"减面强度"的数值相关联。

3.1.5 融球

▶ 演示视频 028- 融球

"融球"生成器 ![图标] 可以将多个球体相融，从而形成粘连效果，效果及参数面板如图3-28所示。

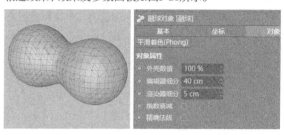

图3-28

外壳数值：设置球体间的融合效果，数值越大，融合的部位越少，对比效果如图3-29所示。

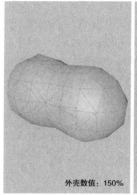
外壳数值：150%

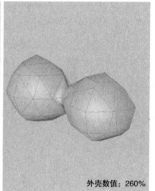
外壳数值：260%

图3-29

编辑器细分：设置融球模型的细分，数值越小，融球模型越圆滑，对比效果如图3-30所示。

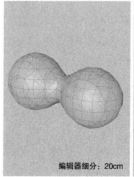
编辑器细分：20cm

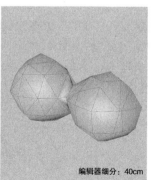
编辑器细分：40cm

图3-30

📝 **技巧与提示**

在设置"编辑器细分"的数值时，如果一次性设置得过小，很容易造成软件卡死并意外退出。在设置这个参数时，以较小的幅度向下设置为宜，如果感觉软件出现卡顿，就不要继续将数值调小了。

📑 课堂案例

用"融球"生成器制作抽象液体

场景文件	无
实例文件	实例文件>CH03>课堂案例：用"融球"生成器制作抽象液体.c4d
视频名称	课堂案例：用"融球"生成器制作抽象液体.mp4
学习目标	掌握"融球"生成器的使用方法

　　本案例使用"融球"生成器 🔘 融球 将多个球体进行连接，从而形成液体的效果，如图3-31所示。

图3-31

01 使用"圆柱体"工具 🔘 圆柱体 在场景中创建一个圆柱体模型，设置"半径"为50cm，"高度"为20cm，"高度分段"为1，"旋转分段"为36，然后勾选"圆角"选项，设置"分段"为3，"半径"为3cm，如图3-32所示。

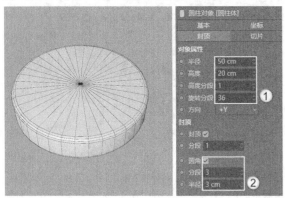

图3-32

02 使用"管道"工具 🔘 管道 在圆柱体上方创建一个管道模型，设置"内部半径"为45cm，"外部半径"为48cm，"旋转分段"为36，"高度"为200cm，如图3-33所示。

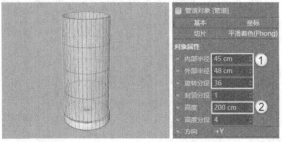

图3-33

> 📝 **技巧与提示**
>
> 　　可以在"基本"选项卡中勾选"透显"选项，使管道模型显示半透明效果，从而方便后续制作液体模型。

03 将圆柱体模型向上复制一个，效果如图3-34所示。

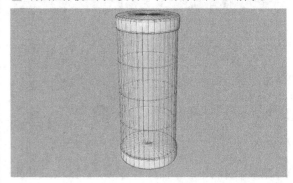

图3-34

04 使用"球体"工具 🔘 球体 在管道模型内创建大小不等的球体模型，如图3-35所示。

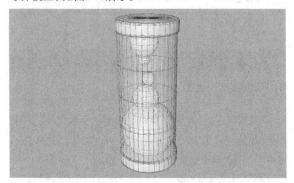

图3-35

05 长按"细分曲面"按钮 🔘，在弹出的菜单中选择"融球"选项，如图3-36所示。

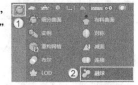

图3-36

06 在"对象"面板中，将"球体"相关的选项全部放在"融球"的子层级，如图3-37所示。

图3-37

07 选中"融球"选项，然后设置"外壳数值"为240%，"编辑器细分"为8cm，如图3-38所示。案例最终效果如图3-39所示。

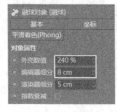

图3-38

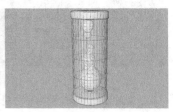

图3-39

3.1.6 晶格

▶ 演示视频 029－晶格

"晶格"生成器 ⚙晶格 根据模型的布线形成网格模型。晶格效果及参数面板如图3-40所示。

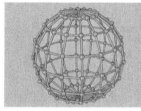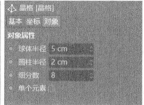

图3-40

圆柱半径：设置沿模型边形成的圆柱体的半径，对比效果如图3-41所示。

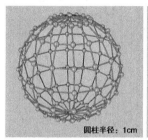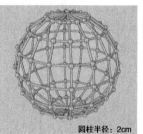

圆柱半径：1cm　　　　圆柱半径：2cm

图3-41

球体半径：设置沿模型顶点形成的球体的半径，对比效果如图3-42所示。

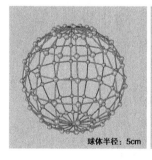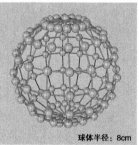

球体半径：5cm　　　　球体半径：8cm

图3-42

细分数：设置晶格模型的细分数。

单个元素：勾选该选项后，将晶格转换为可编辑对象，会显示其中每一个元素，如图3-43所示。

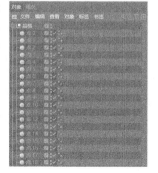

图3-43

3.1.7 挤压

▶ 演示视频 030－挤压

"挤压"生成器 ⚙ 可以为绘制的样条生成厚度，使其成为三维模型。挤压的"属性"面板有"对象""封盖""选集"3个选项卡，效果及参数如图3-44所示。

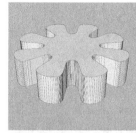

图3-44

方向：控制样条挤压的方向，默认为"自动"。在下拉列表中还可以选择其他挤压方向，如图3-45所示。

图3-45

偏移：设置挤压的厚度。

细分数：控制挤压的分段数，对比效果如图3-46所示。

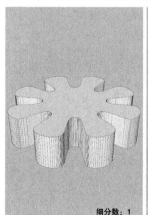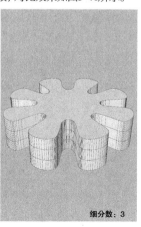

细分数：1　　　　细分数：3

图3-46

起点封盖/终点封盖：默认呈勾选状态，代表挤出的模型顶端和末端呈封闭状态。如果不勾选该选项，则挤出的模型呈空心状态，如图3-47所示。

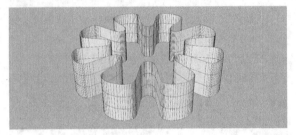

图3-47

倒角外形：控制挤出模型的倒角效果，在下拉列表中可以选择不同的倒角类型，如图3-48所示。不同的倒角类型效果如图3-49所示。

图3-48

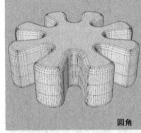
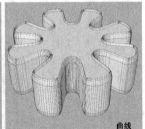

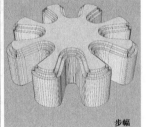

圆角　　　　　　　　　　　曲线

实体　　　　　　　　　　　步幅

图3-49

尺寸：控制倒角的大小。

延展外形：勾选该选项后，倒角会以布线形式分布在原有模型上，但不会出现倒角效果，如图3-50所示。勾选该选项后，还会激活"高度"数值。

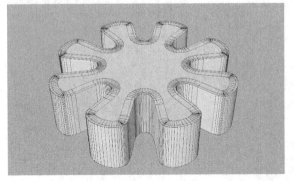

图3-50

高度：控制倒角的效果，正值为向外凸出，负值为向内凹陷，如图3-51所示。

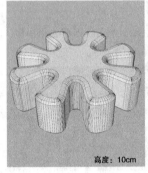
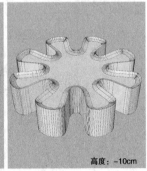

高度：10cm　　　　　　　　高度：-10cm

图3-51

外形深度：控制圆角的圆滑程度。当该参数为正值时是向外扩张的圆角，当该参数为0时显示为切角，当该参数为负值时是向内凹陷的圆角，如图3-52所示。

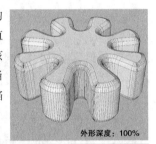

外形深度：100%

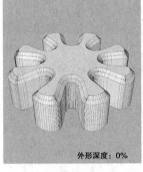

外形深度：0%　　　　　　　外形深度：-100%

图3-52

分段：控制倒角上的分段数量。

外侧倒角：勾选该选项后会显示模型最初的倒角效果，会比原有的样条所生成的模型体积大，如图3-53所示。

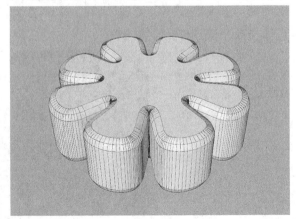

图3-53

封盖类型：控制上下两侧封顶的布线方式，一般保持默认即可。其他布线方式如图3-54所示。

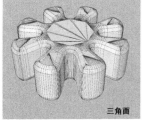
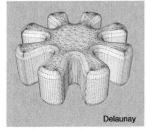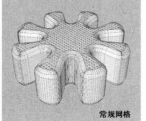

图3-54

选集：在"选集"选项卡中勾选不同的选集类型后，会在"对象"面板的"挤压"选项后出现相应的选集标签。选集可以方便后期快速添加材质，不需要将模型转换为可编辑对象后再单独选取多边形赋予材质，极大地提升了制作效率。图3-55所示是用选集快速添加材质后的效果。

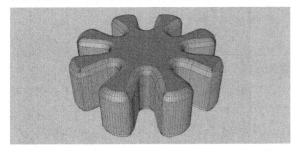

图3-55

📇 课堂案例

用"挤压"生成器制作剪纸画

场景文件	无
实例文件	实例文件>CH03>课堂案例：用"挤压"生成器制作剪纸画.c4d
视频名称	课堂案例：用"挤压"生成器制作剪纸画.mp4
学习目标	掌握"挤压"生成器的使用方法

本案例使用"矩形"工具□ 矩形 、"样条布尔"生成器 和"挤压"生成器制作创意剪纸画，模型效果如图3-56所示。

图3-56

01 在正视图中，使用"矩形"工具□ 矩形 在场景中创建一个矩形，然后在"对象"选项卡中设置"宽度"为1280cm，"高度"为720cm，如图3-57所示。

图3-57

02 将上一步创建的矩形复制一个，然后修改"宽度"为1000cm，"高度"为500cm，如图3-58所示。

图3-58

03 长按"挤压"按钮，在弹出的菜单中选择"样条布尔"选项，如图3-59所示。

图3-59

📝 技巧与提示

"样条布尔"生成器 的相关内容请参阅"3.1.11 样条布尔"。

04 在"对象"面板中将两个"矩形"选项放在"样条布尔"的子层级中，如图3-60所示。

图3-60

05 选中"样条布尔"选项，设置"模式"为"B减A"，就可以将两个矩形样条合并为一个样条，如图3-61所示。

图3-61

06 单击"挤压"按钮，然后在"对象"面板中将"样条布尔"选项放置在"挤压"的子层级，如图3-62所示。

图3-62

07 选中"挤压"选项，然后设置"偏移"为5cm，"倒角外形"为"圆角"，"尺寸"为2cm，"分段"为1，如图3-63所示。

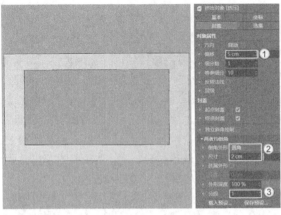

图3-63

08 将挤压后的模型复制一个，然后缩小内部的矩形样条，如图3-64所示。

图3-64

09 按照上一步的方法继续复制多个挤压后的矩形模型，并缩小内部的矩形样条，案例最终效果如图3-65所示。

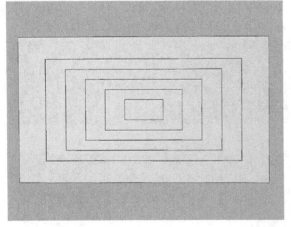

图3-65

▤ 课堂练习

用"挤压"生成器制作卡通房子

场景文件	无
实例文件	实例文件>CH03>课堂练习：用"挤压"生成器制作卡通房子.c4d
视频名称	课堂练习：用"挤压"生成器制作卡通房子.mp4
学习目标	掌握"挤压"生成器的使用方法

本案例使用"样条画笔"工具▟和"挤压"生成器▣制作卡通房子，案例效果如图3-66所示。分解步骤如图3-67所示。

图3-66

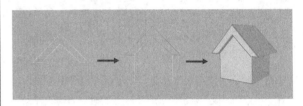

图3-67

3.1.8 旋转

▶ 演示视频 031- 旋转

"旋转"生成器▨可以将绘制的样条按照轴向旋转任意角度，从而形成三维模型。旋转的"属性"面板有"对象""封盖""选集"3个选项卡，效果及参数如图3-68所示。

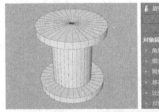

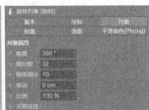

图3-68

角度： 设置样条旋转的角度，默认为360°。

细分数： 设置模型在旋转轴上的细分数，数值越大，模型越圆滑，对比效果如图3-69所示。

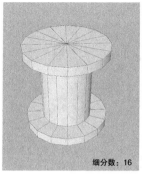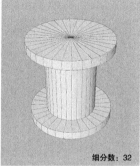

细分数：16　　　　　　　　　　　细分数：32

图3-69

移动： 旋转的模型会在首尾相接的位置产生纵向位移，如图3-70所示。

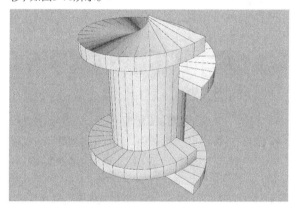

图3-70

比例： 旋转的模型会在首尾处产生缩放效果，如图3-71所示。

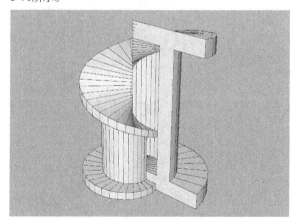

图3-71

📝 **技巧与提示**

"旋转"生成器 🔩 的"封盖"选项卡和"选集"选项卡与"挤压"生成器 的参数一致，这里不再赘述。

📓 **课堂案例**

用"旋转"生成器制作立体UI图标

场景文件	无
实例文件	实例文件>CH03>课堂案例：用"旋转"生成器制作立体UI图标.c4d
视频名称	课堂案例：用"旋转"生成器制作立体UI图标.mp4
学习目标	掌握"旋转"生成器的使用方法

本案例用"样条画笔"工具 🖊 、"旋转"生成器 🔩 和"立方体"工具 ⬜ 立方体 制作立体UI图标，模型效果如图3-72所示。

图3-72

① 在正视图中使用"样条画笔"工具 🖊 绘制图标的剖面，如图3-73所示。

图3-73

② 长按"挤压"按钮 ，在弹出的菜单中选择"旋转"选项，如图3-74所示。

图3-74

③ 在"对象"面板中将"样条"放置于"旋转"的子层级，如图3-75所示。此时模型效果如图3-76所示。

图3-75

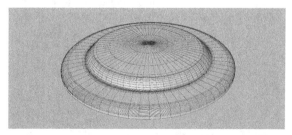

图3-76

📝 **技巧与提示**

如果旋转后的模型出现共面或是空隙，需要单独调整样条的位置。

04 单击"立方体"按钮 ，创建一个立方体模型，然后设置"尺寸.X"为30cm，"尺寸.Y"为23cm，"尺寸.Z"为200cm，接着勾选"圆角"选项，设置"圆角半径"为10cm，"圆角细分"为3，如图3-77所示。

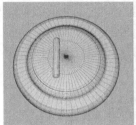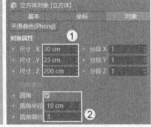

图3-77

05 将上一步创建的立方体向右复制一个，案例最终效果如图3-78所示。

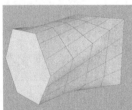

图3-78

3.1.9 放样

▶ 演示视频 032- 放样

"放样"生成器 可以将一个或多个样条进行连接，从而形成三维模型。放样的"属性"面板有"对象""封盖""选集"3个选项卡，效果及参数如图3-79所示。

图3-79

网孔细分U/网孔细分V/网格细分U：设置生成三维模型的细分数。

有机表格：勾选该选项后会改变原有样条的角度，使模型过渡更加自然，如图3-80所示。

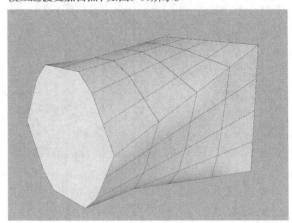

图3-80

3.1.10 扫描

▶ 演示视频 033- 扫描

"扫描"生成器 的功能是让一个样条按照另一个样条的路径生成三维模型。扫描的"属性"面板有"对象""封盖""选集"3个选项卡，效果及参数如图3-81所示。

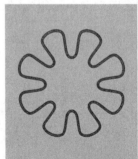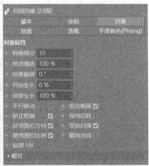

图3-81

网格细分：设置生成三维模型的细分数。

终点缩放：设置生成模型在终点处的缩放效果，如图3-82所示。

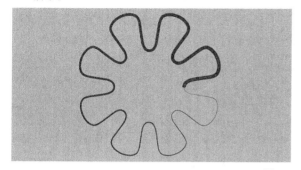

图3-82

结束旋转：设置生成模型在终点处的旋转效果。

开始生长/结束生长：类似于"圆锥"的"切片"选项，用于控制生成模型的大小，如图3-83所示。

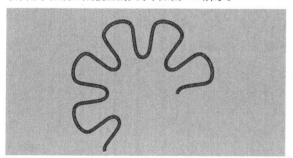

图3-83

📝 **技巧与提示**

在"对象"面板中，"扫描"生成器  下方的第一个图形是扫描的图案，第二个图形是扫描的路径，如图3-84所示。

图3-84

📋 **课堂案例**

用"扫描"生成器制作玻璃管道

场景文件	无
实例文件	实例文件>CH03>课堂案例：用"扫描"生成器制作玻璃管道.c4d
视频名称	课堂案例：用"扫描"生成器制作玻璃管道.mp4
学习目标	掌握"扫描"生成器的用法

本案例的玻璃管道模型是通过样条、圆环和"扫描"生成器制作的，模型效果如图3-85所示。

图3-85

① 单击"样条画笔"按钮 ，在场景中绘制一个S形的样条作为管道的路径，如图3-86所示。

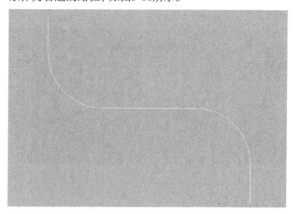

图3-86

② 使用"圆环"工具 圆环 在场景中创建一个圆环样条，勾选"环状"选项，然后设置"半径"为100cm，"内部半径"为95cm，如图3-87所示。

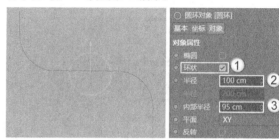

图3-87

③ 单击"扫描"按钮 扫描 ，然后在"对象"面板中将"样条"和"圆环"放置在"扫描"的子层级，如图3-88所示。此时模型效果如图3-89所示。

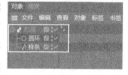

图3-88

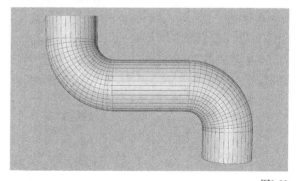

图3-89

📝 **技巧与提示**

如果想更直观地调节管道的粗细，就将创建的圆环在不调整参数时，添加到"扫描"生成器 扫描 下方，然后再调整圆环的参数。

04 选中"扫描"选项，然后切换到"基本"选项卡，并勾选"透显"选项，就可以观察到视窗中的管道模型成为半透明状态，如图3-90所示。

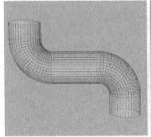

图3-90

05 使用"球体"工具 ⬤ 球体 在管道中创建几个球体模型。案例最终效果如图3-91所示。

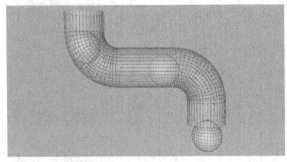

图3-91

📋 **课堂练习**

用"扫描"生成器制作艺术字

场景文件	无
实例文件	实例文件>CH03>课堂练习：用"扫描"生成器制作艺术字.c4d
视频名称	课堂练习：用"扫描"生成器制作艺术字.mp4
学习目标	掌握"扫描"生成器的使用方法

本案例使用"样条画笔"工具 ✏️、"圆环"工具 ⬤ 圆环 和"扫描"生成器 📄 扫描 制作艺术字，案例效果如图3-92所示。分解步骤如图3-93所示。

图3-92

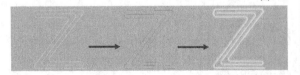

图3-93

3.1.11 样条布尔

▶ 演示视频 034- 样条布尔

"样条布尔"生成器 ⬡ 样条布尔 是对样条进行布尔运算的工具，原理与"布尔"生成器 ⬤ 布尔 一样，如图3-94所示。

图3-94

模式： 设置对两个样条进行计算的方式，分别为"合集""A减B""B减A""与""或""交"，如图3-95所示。

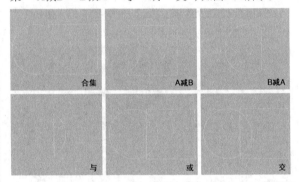

图3-95

轴向： 设置生成样条的轴向。

创建封盖： 勾选该选项后，会将新生成的样条变成三维平面模型。

3.2 变形器

Cinema 4D中自带的变形器是紫色图标，位于对象的子层级或平级，如图3-96所示。变形器通常用于改变三维模型的形态，形成扭曲、倾斜和旋转等效果。

图3-96

本节工具介绍

工具名称	工具作用	重要程度
弯曲	用于弯曲模型	中
膨胀	用于扩大模型	中
斜切	用于倾斜模型	中
锥化	用于部分缩小模型	中
扭曲	用于旋转模型	中
爆炸	用于调整模型的整体形态	高
样条约束	用于减少模型的面数	高
置换	用于改变模型形状	高
倒角	用于对模型形成倒角效果	中

3.2.1 弯曲

▷ 演示视频 035- 弯曲

"弯曲"变形器 可以将模型进行任意角度的弯曲。弯曲的"属性"面板由"对象"和"衰减"两个选项卡组成,如图3-97所示。

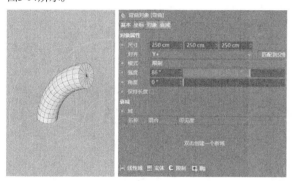

图3-97

尺寸: 设置变形器的紫色边框大小。

匹配到父级: 单击该按钮后,变形器的紫色外框会按照模型的外边缘大小自动调整,如图3-98所示。

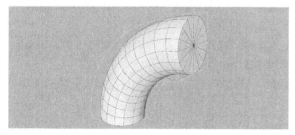

图3-98

强度: 设置模型弯曲的强度。

角度: 设置模型弯曲时旋转的角度。

保持长度: 勾选该选项后,模型无论怎样弯曲,纵轴高度都不变。

域: 在面板中添加不同形状的域,从而控制模型弯曲的衰减情况,图3-99所示是添加了"球体域"的效果,只有处于球体域范围内的模型才会被"弯曲"变形器 所影响。

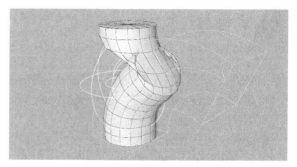

图3-99

知识点:变形器边框的调整方法

Cinema 4D的变形器可以调整边框大小以控制模型变形效果。下面以"弯曲"变形器 为例进行讲解。

默认的"弯曲"变形器 边框的长、宽和高都为250cm,效果如图3-100所示。

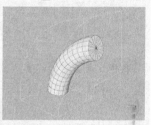

图3-100

设置边框的长、宽和高都为100cm,效果如图3-101所示。

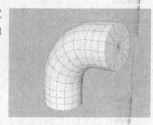

图3-101

用"移动"工具 移动边框的位置,可以观察到,随着边框的移动,模型弯曲效果也跟着改变,如图3-102所示。只有包含在紫色边框内的模型才会扭曲,而在边框以外的模型则保持原状。同理,用"旋转"工具 和"缩放"工具 也能控制紫色的边框。

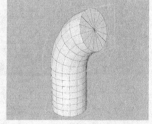

图3-102

在操作时,如果觉得紫色的边框影响操作,在"过滤"菜单中取消勾选"变形器"选项,紫色的边框就会隐藏,如图3-103所示。

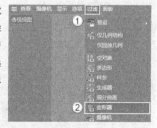

图3-103

3.2.2 膨胀

▶ 演示视频 036- 膨胀

"膨胀"变形器 🎨 膨胀 可以让模型局部放大或缩小。与"弯曲"变形器 🎨 一样,"膨胀"变形器 🎨 膨胀 也有"对象"和"衰减"两个选项卡,如图3-104所示。

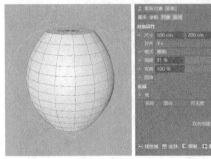

图3-104

强度:设置模型放大的强度。当该数值为正值时模型向外扩大,当该数值为负值时模型向内缩小,如图3-105所示。

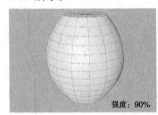

图3-105

弯曲:设置变形器外框的弯曲效果,如图3-106所示。

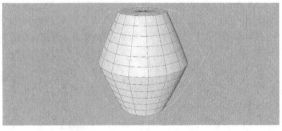

图3-106

圆角:勾选该选项后,模型呈现圆角过渡效果,如图3-107所示。

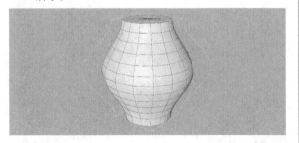

图3-107

3.2.3 斜切

▶ 演示视频 037- 斜切

"斜切"变形器 🎨 斜切 可以控制模型倾斜的程度。"斜切"变形器也有"对象"和"衰减"两个选项卡,如图3-108所示。

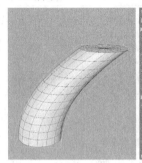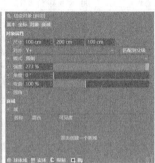

图3-108

强度:设置模型倾斜的强度。

角度:设置模型倾斜的角度。

弯曲:控制模型在倾斜时是否产生弯曲效果,对比效果如图3-109所示。

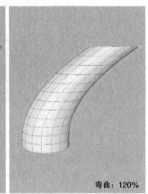

图3-109

圆角:勾选该选项后,倾斜的模型会呈圆角过渡效果,如图3-110所示。

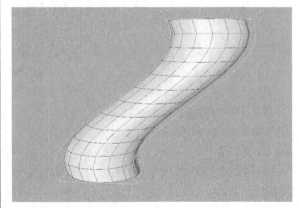

图3-110

3.2.4 锥化

▶️ 演示视频 038- 锥化

"锥化"变形器 🔘 锥化 能够将模型部分缩小。"锥化"变形器也有"对象"和"衰减"两个选项卡,如图3-111所示。

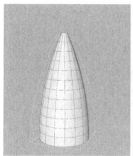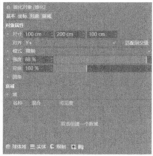

图3-111

强度:设置模型缩小的强度。当数值为正值时模型缩小,当数值为负值时模型放大,对比效果如图3-112所示。

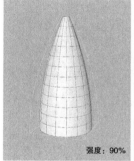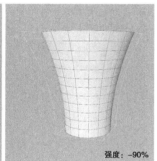

强度:90% 　　　　　　　　　　　强度:-90%

图3-112

弯曲:设置模型弯曲的强度。

3.2.5 扭曲

▶️ 演示视频 039- 扭曲

"扭曲"变形器 🔘 扭曲 可以让模型自身形成扭曲旋转效果,其效果与参数面板如图3-113所示。

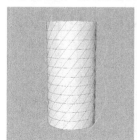

图3-113

角度:设置模型旋转扭曲的角度。

3.2.6 爆炸

▶️ 演示视频 040- 爆炸

"爆炸"变形器 🔘 爆炸 可以将模型分裂为碎片效果,其效果及参数如图3-114所示。

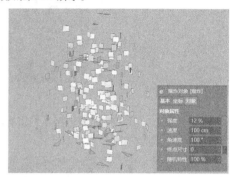

图3-114

强度:设置碎片分裂的强度。

速度:设置碎片分裂的速度。此参数在做动画时使用较多。

角速度:设置碎片旋转的角度。

终点尺寸:设置碎片在终点位置被放大的程度。默认值为0,表示碎片保持原状。

🔲 课堂案例

用"爆炸"变形器制作散射效果

场景文件	无
实例文件	实例文件>CH03>课堂案例:用"爆炸"变形器制作散射效果.c4d
视频名称	课堂案例:用"爆炸"变形器制作散射效果.mp4
学习目标	掌握"爆炸"变形器的用法

本案例的抱枕通过立方体和"爆炸"变形器制作,模型效果如图3-115所示。

图3-115

01 在场景中创建一个立方体，然后设置"尺寸.X""尺寸.Y""尺寸.Z"都为200cm，"分段X""分段Y""分段Z"都为10，如图3-116所示。

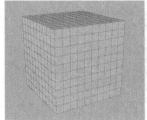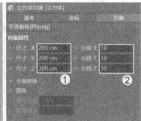

图3-116

02 长按"弯曲"按钮，在弹出的菜单中选择"爆炸"选项，如图3-117所示。

图3-117

03 在"对象"面板中，将"爆炸"放置在"立方体"的子层级，如图3-118所示。

图3-118

04 选中"爆炸"选项，然后设置"强度"为40%，效果如图3-119所示。

图3-119

05 使用"宝石体"工具在场景中心创建一个模型，然后设置"类型"为"八面"，如图3-120所示。案例最终效果如图3-121所示。

图3-120　　　　　　　　图3-121

知识点："爆炸FX"变形器

"爆炸FX"变形器和"爆炸"变形器的原理相同，都是形成散射效果，但"爆炸FX"变形器的功能更为强大。

添加"爆炸FX"变形器后，散射的模型呈现不同造型的体块，如图3-122所示。

图3-122

"爆炸FX"变形器中的参数比较多，可以呈现更多的效果，如图3-123所示。下面简单介绍各个选项卡的功能。

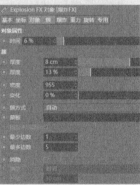

图3-123

对象：设置爆炸碎片的距离。

簇：设置爆炸碎片的厚度、密度等效果。

爆炸：设置爆炸整体的强度、速度、时间和范围等效果。

重力：设置场景的重力，模拟真实的动力学效果。

旋转：设置爆炸碎片的旋转效果。

专用：设置风力和螺旋，控制碎片整体的位置和角度。

3.2.7 样条约束

演示视频 041- 样条约束

"样条约束"变形器 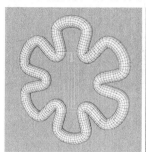 可以将模型按照样条绘制的路径生成新的模型,其效果和参数面板如图3-124所示。

图3-124

样条:链接绘制的样条路径。

轴向:设置模型生成的轴向,不同的轴向会形成不同的模型效果。

强度:设置模型生成的比例。

偏移:设置模型在路径上的位移。

起点/终点:设置模型在路径上的起点和终点。

课堂案例

用"样条约束"变形器制作螺旋线条

场景文件	无
实例文件	实例文件>CH03>课堂案例:用"样条约束"变形器制作螺旋线条.c4d
视频名称	课堂案例:用"样条约束"变形器制作螺旋线条.mp4
学习目标	掌握"样条约束"变形器的用法

本案例使用"样条约束"变形器 将一个模型沿着螺旋样条移动,从而生成一个复杂的模型,如图3-125所示。

图3-125

01 使用"星形"工具 在场景中创建一个星形样条,然后设置"内部半径"为50cm,"外部半径"为60cm,"点"为10,如图3-126所示。

图3-126

02 为星形样条添加"挤压"生成器 ,设置"方向"为Y,"偏移"为2000cm,"细分数"为10,如图3-127所示。

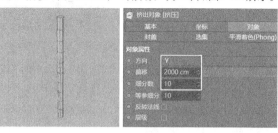

图3-127

03 单击"空白"按钮 ,将"挤压"放在"空白"的子层级,如图3-128所示。

图3-128

技巧与提示

按快捷键Alt+G也可以快速为"挤压"生成"空白"父层级。这里添加"空白",是为后续添加"样条约束"变形器 做准备。

04 使用"螺旋线"工具 在场景中创建一个螺旋样条,设置"起始半径"为127cm,"终点半径"为647cm,"结束角度"为1233°,"高度"为2053cm,"高度偏移"为67%,如图3-129所示。

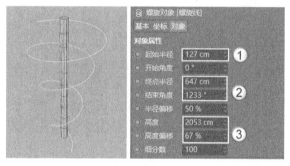

图3-129

05 长按"弯曲"按钮 ,在弹出的菜单中选择"样条约束"选项,如图3-130所示。

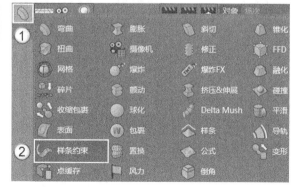

图3-130

06 在"对象"面板中将"样条约束"放置在"空白"的子层级，如图3-131所示。

图3-131

07 选中"样条约束"选项，然后将"对象"面板中的"螺旋线"向下拖曳到"样条约束"的"样条"通道中，并设置"轴向"为+Y，如图3-132所示。此时模型会沿着螺旋样条移动，如图3-133所示。

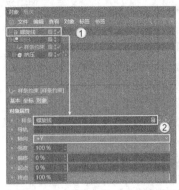

图3-132

图3-133

08 观察模型可以发现，此时的模型并没有完全贴合螺旋样条。选中"挤压"选项，然后设置"细分数"为200，就可以观察到模型完全贴合了样条，如图3-134所示。

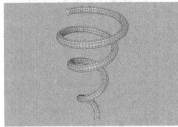

图3-134

09 选中"样条约束"选项，然后展开"尺寸"卷展栏，并设置"尺寸"的曲线，如图3-135所示。模型会按照曲线的走势，形成起始位置细、终点位置粗的效果。

图3-135

10 展开"旋转"卷展栏，并设置"旋转"的曲线，如图3-136所示。模型会按照曲线的走势形成旋转效果。

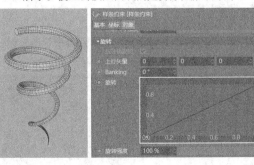

图3-136

11 使用"球体"工具 在场景中随机创建大小不等的球体，案例最终效果如图3-137所示。

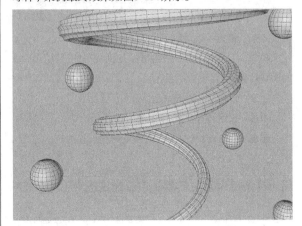

图3-137

📖 课堂练习

用"样条约束"变形器制作星星

场景文件	无
实例文件	实例文件>CH03>课堂练习：用"样条约束"变形器制作星星.c4d
视频名称	课堂练习：用"样条约束"变形器制作星星.mp4
学习目标	掌握"样条约束"变形器的用法

本案例将制作一个带有运动感的星星模型，需要使用弧形作为"样条约束"变形器的路径样条，案例效果如图3-138所示。分解步骤如图3-139所示。

图3-138

图3-139

3.2.8 置换

▶ 演示视频 042- 置换

"置换"变形器 置换 可以按照颜色或是贴图将模型进行变形，通常与"减面"生成器 减面 配合制作低多边形效果的模型。"置换"变形器 置换 有"对象""着色""衰减""刷新"4个选项卡，如图3-140所示。

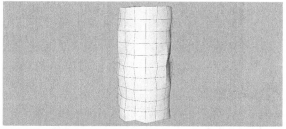

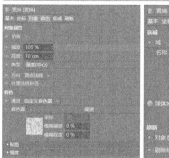

图3-140

强度：设置模型置换变形的强度。

高度：设置模型挤出部分的高度。

类型：设置置换的类型，如图3-141所示。

强度
强度(中心)
红色/绿色
RGB (XYZ Tangent)
RGB (XYZ Object)
RGB (XYZ 全局)

图3-141

着色器：添加置换贴图的位置，通常情况下使用"噪波"贴图。

▣ 课堂案例

用"置换"变形器制作低多边形小岛

场景文件 无
实例文件 实例文件>CH03>课堂案例：用"置换"变形器制作低多边形小岛.c4d
视频名称 课堂案例：用"置换"变形器制作低多边形小岛.mp4
学习目标 掌握"置换"变形器的用法

低多边形风格的模型需要用"置换"变形器 置换 和"减面"变形器 减面 共同完成。本案例制作的低多边形风格的小岛模型效果如图3-142所示。

图3-142

01 使用"圆柱体"工具 圆柱体 在场景中创建一个圆柱体模型，设置"半径"为300cm，"高度"为40cm，"高度分段"为4，"旋转分段"为24，"分段"为3，如图3-143所示。

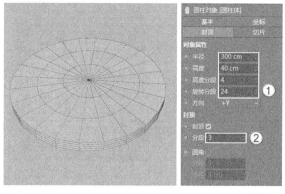

图3-143

02 长按"弯曲"按钮 ，在弹出的菜单中选择"置换"选项，如图3-144所示。

图3-144

03 在"对象"面板中将"置换"放在"圆柱体"的子层级，如图3-145所示，此时模型并没有产生变化。

图3-145

04 选中"置换"选项，设置"高度"为20cm，并在"着色器"通道中加载"噪波"贴图，如图3-146所示。

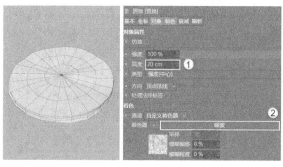

图3-146

单击"着色器"旁边的按钮，在弹出的菜单中选择"噪波"选项，就可以加载"噪波"贴图，如图3-147所示。

图3-147

05 单击"减面"按钮，然后在"对象"面板中将"圆柱体"放置在其子层级，如图3-148所示。

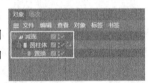

图3-148

06 选中"减面"选项，设置"减面强度"为75%，此时圆柱体模型的布线发生改变，模型的面数减少，如图3-149所示。

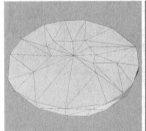

图3-149

07 使用"文本"工具在场景中创建文字模型，设置"深度"为40cm，"文本样条"为ZURAKO，"字体"为"思源黑体 Bold"，"高度"为100cm，"倒角外形"为"圆角"，"尺寸"为3cm，如图3-150所示。

图3-150

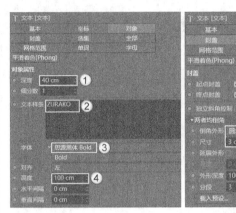

图3-150（续）

"样条文本"的内容可以随意设置。如果字库中没有安装"思源黑体 Bold"，读者可以随意选择一种粗体字体代替。

08 使用"球体"工具在场景中创建3个球体，摆出云朵的形状，如图3-151所示。

图3-151

09 为3个球体添加"融球"生成器，设置"外壳数值"为220%，"编辑器细分"为16cm，如图3-152所示。

图3-152

⑩ 将云朵模型复制两份，摆在场景中的合适位置，案例最终效果如图3-153所示。

图3-153

📑 课堂练习

用"置换"变形器制作水面

场景文件	无
实例文件	实例文件>CH03>课堂练习：用"置换"变形器制作水面.c4d
视频名称	课堂练习：用"置换"变形器制作水面.mp4
学习目标	掌握"置换"变形器的用法

本案例使用"置换"变形器 可以 制作水面的波纹，效果如图3-154所示。步骤分解如图3-155所示。

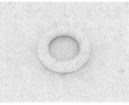

图3-154

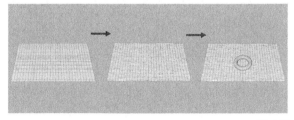

图3-155

3.2.9 倒角

▶️ 演示视频 043- 倒角

"倒角"变形器 可以 可以对模型形成倒角效果。"倒角"变形器 可以 的参数面板由"选项""外形""拓扑"3个选项卡组成，如图3-156所示。

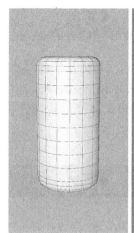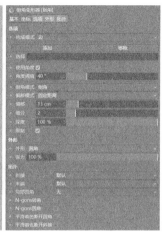

图3-156

构成模式：设置倒角模式，包括"点""边""多边形"3种。

偏移：设置倒角的强度。

细分：设置倒角的分段线。

外形：设置倒角的样式，默认为"圆角"。

📘 知识点：模型倒角出现问题怎么解决

通常在对圆柱模型进行倒角时，会出现意想不到的问题，如图3-157所示。无论怎样调整，都达不到预想的效果。遇到这种情况，应该怎样解决？

图3-157

第1步：选中原始模型，然后按C键将其转换为可编辑多边形。

第2步：进入模型的"点"模式 ，然后按快捷键Ctrl＋A选中模型所有的点，如图3-158所示。

图3-158

第3步：单击鼠标右键，在弹出的菜单中选择"优化"选项，如图3-159所示。

图3-159

第4步：返回"模型"模式 ，然后再为其加载"倒角"变形器 ，这样就可以按照预想的效果进行倒角了，如图3-160所示。

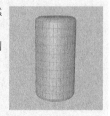

图3-160

在低版本的Cinema 4D中经常会出现这种情况，在R21版本之后，这个问题基本不再出现。

3.3 本章小结

本章主要讲解了Cinema 4D中常用的生成器和变形器。熟练掌握所介绍的这些工具，能更加轻松地制作出多种多样的模型。本章虽是基础建模章，但是却非常重要，希望读者对这些建模工具勤加练习。

3.4 课后习题

本节安排了两个课后习题供读者进行练习。这两个习题将本章学习的知识进行了综合运用。如果读者在练习时有疑问，可以一边观看教学视频，一边学习模型创建方法。

课后习题：制作卡通糕点模型

场景文件	无
实例文件	实例文件>CH03>课后习题：制作卡通糕点模型.c4d
视频名称	课后习题：制作卡通糕点模型.mp4
学习目标	练习"膨胀"变形器的用法

本案例使用"膨胀"变形器  制作卡通糕点模型，效果如图3-161所示。分解步骤如图3-162所示。

图3-161

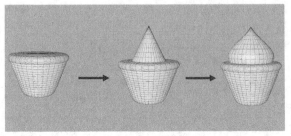

图3-162

课后习题：制作噪波平面

场景文件	无
实例文件	实例文件>CH03>课后习题：制作噪波平面.c4d
视频名称	课后习题：制作噪波平面.mp4
学习目标	练习"置换"变形器的用法

本案例使用"置换"变形器 制作一个噪波平面，效果如图3-163所示。分解步骤如图3-164所示。

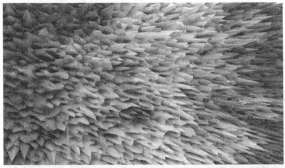

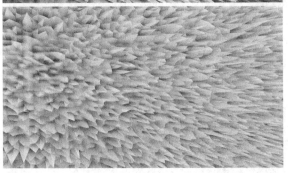

图3-163

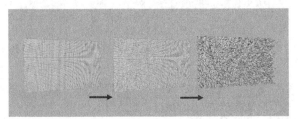

图3-164

第 **4** 章

高级建模技术

　　本章将讲解 Cinema 4D 的高级建模技术。高级建模技术的难度更高，操作也更加灵活，可以创建出形态丰富的模型，是基础建模技术所达不到的。

学习目标

◇ 掌握样条建模

◇ 掌握多边形建模

◇ 掌握雕刻建模

4.1 可编辑样条建模

在第2章中，我们学习了常见的样条。除了"样条画笔"工具 描绘的样条可以直接编辑外，其余的样条都只能调整参数，无法改变形态。本节将为读者讲解怎样编辑样条。

本节工具介绍

工具名称	工具作用	重要程度
转为可编辑对象	将样条转换为可编辑状态	高
编辑样条	编辑样条的形态	高

4.1.1 转为可编辑样条

要调整样条的形态，首先需要将其转换为可编辑样条。转换的方法很简单，选中样条后单击"模式工具栏"的"转为可编辑对象"按钮 （快捷键为C），即可将其转换。图4-1所示的矩形样条转为可编辑样条后，就可以在"点"模式 中直接调整形态。

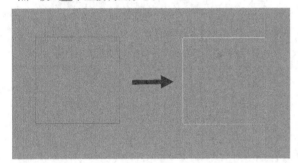

图4-1

📝 **技巧与提示**

在"对象"面板中，转换为可编辑样条的矩形会从图4-2所示的图案变成图4-3所示的图案。

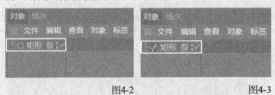

图4-2   图4-3

4.1.2 编辑样条

▶ 演示视频 044- 编辑样条

将样条转换为可编辑样条后，进入"点"模式 就可以对样条进行编辑。选中需要修改的点，然后单击鼠标右键，在弹出的菜单中罗列了编辑的工具选项，如图4-4所示。

图4-4

刚性插值：设置选中的点为锐利的角点。

柔性插值：设置选中的点为圆滑的贝塞尔角点。

相等切线长度：设置角点的控制手柄的长度相等。

相等切线方向：设置角点的控制手柄方向一致。

合并分段：连接样条的两个点。

断开分段：断开当前样条所选点的分段。

点顺序：设置样条点的起始位置或结束位置。白色的点是起点，蓝色的点是终点。

创建点：在样条的任意位置添加新的点。

倒角：将所选中的角点进行圆滑，如图4-5所示。

图4-5

创建轮廓：为所选样条创建轮廓，如图4-6所示。

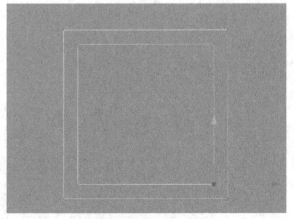

图4-6

排齐：将所选的点排齐。

焊接：将所选的点合并为一个点。

📄 课堂案例

用可编辑样条制作抽象线条

场景文件　无
实例文件　实例文件>CH04>课堂案例：用可编辑样条制作抽象线条.c4d
视频名称　课堂案例：用可编辑样条制作抽象线条.mp4
学习目标　掌握样条编辑方法

本案例的抽象线条由生成器、变形器和可编辑样条共同制作而成，模型效果如图4-7所示。

图4-7

01 使用"圆环"工具 ○ 圆环 在场景中创建一个圆环样条，设置"点插值方式"为"细分"，如图4-8所示。

图4-8

02 为上一步创建的圆环样条添加"扭曲"变形器 扭曲，然后单击"匹配到父级"按钮 匹配到父级，设置"对齐"为"自动"，"角度"为434°，如图4-9所示。

图4-9

03 使用"圆环"工具 ○ 圆环 创建一个"半径"为50cm的圆环样条，如图4-10所示。

图4-10

04 为上一步创建的圆环样条添加"置换"变形器 置换，然后在"着色器"通道中添加"噪波"贴图，如图4-11所示。

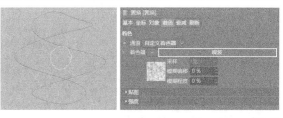

图4-11

05 添加"扫描"生成器 扫描，将两个圆环作为其子层级，如图4-12所示。生成的模型效果如图4-13所示。

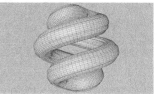

图4-12　　　　　　　　　图4-13

06 使用"矩形"工具 □ 矩形 在场景中创建一个矩形样条，然后设置"宽度"为402cm，"高度"为552cm，接着勾选"圆角"选项，设置"半径"为5cm，如图4-14所示。

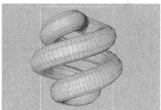

图4-14

07 单击"模式工具栏"的"转为可编辑对象"按钮 ，将矩形样条转换为可编辑样条，如图4-15所示。

图4-15

08 在"点"模式 中单击鼠标右键，在弹出的菜单中选择"创建点"选项 创建点，然后在样条的右上和左下位置添加4个点，如图4-16所示。

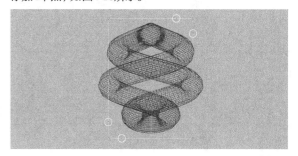

图4-16

09 选中右上和左下的两个圆角的点，然后在右键菜单中选择"断开连接"选项，接着按Delete键将其删除，如图4-17所示。

图4-17

10 将左侧的样条移动到模型后方，而右侧的样条移动到模型前方，如图4-18所示。

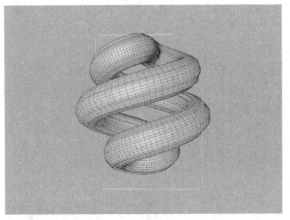

图4-18

11 新建一个"宽度"为5cm，"高度"为2cm的矩形样条，然后使用"扫描"生成器 对上一步调整后的样条进行扫描，生成的模型效果如图4-19所示。至此，本案例制作完成。

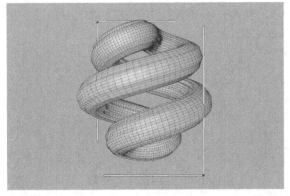

图4-19

课堂练习

用可编辑样条制作霓虹灯

场景文件	无
实例文件	实例文件>CH04>课堂练习：用可编辑样条制作霓虹灯.c4d
视频名称	课堂练习：用可编辑样条制作霓虹灯.mp4
学习目标	掌握样条编辑方法

本案例使用样条绘制霓虹灯的路径，配合"扫描"生成器 制作模型，效果如图4-20所示。步骤分解如图4-21所示。

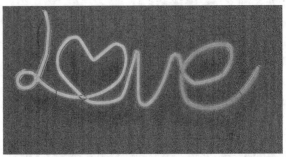

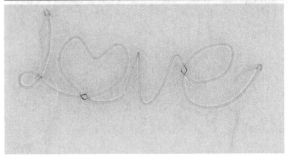

图4-20

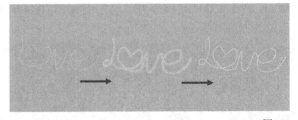

图4-21

4.2 可编辑对象建模

本节将为读者讲解可编辑对象建模。可编辑对象建模的方法非常灵活，可以制作出大多数需要的效果。

本节工具介绍

工具名称	工具作用	重要程度
转为可编辑对象	将参数对象转换为可编辑状态	高
点模式	在点模式中编辑模型	高
边模式	在边模式中编辑模型	高
多边形模式	在多边形模式中编辑模型	高

4.2.1 转换为可编辑对象

要想编辑实体模型，必须要将其转换为可编辑对象。转换的方法十分简单，与转换可编辑样条一样，只需要选中需要转换的模型，然后单击"模式工具栏"的"转为可编辑对象"按钮（快捷键为C），即可将其转换，如图4-22所示。

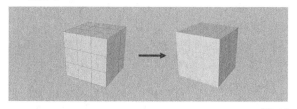

图4-22

> **技巧与提示**
>
> 在"对象"面板中，转换为可编辑样条的立方体会从图4-23所示的图案变成图4-24所示的图案。

图4-23　　　　图4-24

4.2.2 编辑多边形对象

▶▶ 演示视频 045- 编辑多边形对象

有3种模式可以编辑多边形，分别是"点"、"边"和"多边形"。在左侧的"模式工具栏"中可以快速切换这3种模式，如图4-25所示。

点模式　　　　边模式　　　　多边形模式

图4-25

1.点模式

在不同模式下，单击鼠标右键所弹出菜单的内容不完全相同。图4-26所示是"点"模式下的右键菜单。

图4-26

创建点：在模型的任意位置添加新的点。

封闭多边形孔洞：将多边形孔洞直接封闭，如图4-27所示。

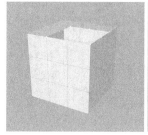

图4-27

倒角：对选中的点进行倒角以生成新的边，如图4-28所示。倒角工具是多边形建模中使用频率很高的工具之一。

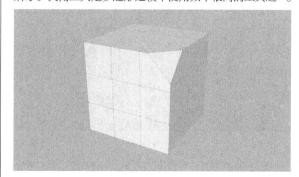

图4-28

桥接：将两个断开的点进行连接，如图4-29所示。

图4-29

连接点/边：将选中的点或边相连，如图4-30所示。

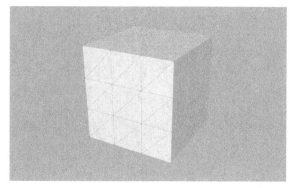

图4-30

线性切割：在多边形上分割新的边，如图4-31所示。

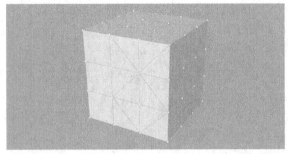

图4-31

平面切割：在多边形的任意位置上分割新的边，如图4-32所示。

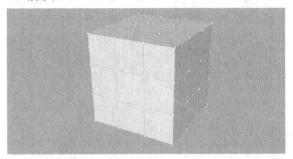

图4-32

循环/路径切割：沿着多边形的一圈点或边添加新的边，如图4-33所示。循环/路径切割工具是多边形建模中使用频率很高的工具之一。

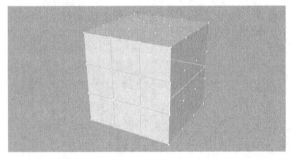

图4-33

坍塌：将选中的点合并为一个点，如图4-34所示。

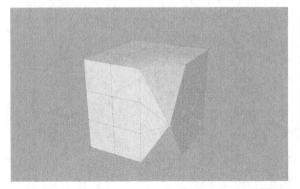

图4-34

断开连接...：将选中的点分离，可单独调整每个轴向的位置。

优化...：优化当前模型。当倒角出现问题时，需要先优化模型，再进行倒角。

分裂：将选中的点单独生成一个新的多边形对象。

2.边模式

在"模式工具栏"中单击"边"模式 按钮，然后单击鼠标右键，弹出的菜单如图4-35所示。

图4-35

提取样条：可以将选中的边单独分离成样条，如图4-36所示。

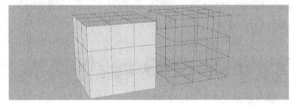

图4-36

> 技巧与提示
> 其余参数与"点"模式 的用法相同，这里不再赘述。

3.多边形模式

在"模式工具栏"中单击"多边形"按钮 ，然后单击鼠标右键，弹出的菜单如图4-37所示。

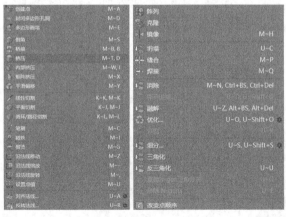

图4-37

挤压：将选中的面向外或向内挤压，如图4-38所示。该工具是多边形建模时使用频率很高的工具之一。

图4-38

按住Ctrl键移动选中的面，可以将其快速挤压。

内部挤压：向内挤压选中的多边形，常用于在多边形上添加分段线，如图4-39所示。该工具也是多边形建模中使用频率很高的工具之一。

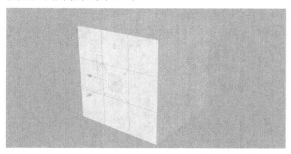

图4-39

矩阵挤压：在挤压的同时缩放和旋转挤压出的多边形，通过设置"步数"控制挤压的个数，如图4-40所示。

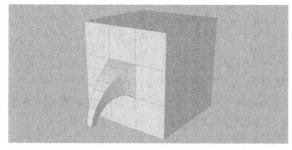

图4-40

反转法线…：将选中的面的法线方向反转，如图4-41所示。

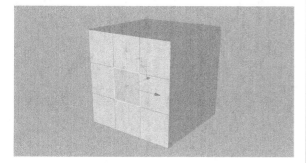

图4-41

📄 **课堂案例**

用可编辑对象建模制作机械字

场景文件	无
实例文件	实例文件>CH04>课堂案例：用可编辑对象建模制作机械字.c4d
视频名称	课堂案例：用可编辑对象建模制作机械字.mp4
学习目标	掌握可编辑对象建模的方法

本案例制作机械立体字，需要将文字模型转换为可编辑对象后进行制作，案例效果如图4-42所示。

图4-42

01 使用"文本"工具 在场景中创建一个文本模型，然后设置"深度"为40cm，"细分数"为4，"文本样条"为618，"字体"为"方正大黑简体"，"高度"为200cm，如图4-43所示。

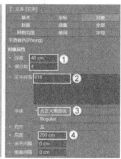

图4-43

02 按C键，将上一步创建的文本模型转换为可编辑对象，然后进入"多边形"模式 ，选中图4-44所示的多边形。

图4-44

▶ **知识点：快速选中连续多个多边形**

按照传统思路，选中这些多边形需要按住Shift键逐个单击，才能将其全部选中。这种方法不仅麻烦，而且还可能错选到其他多边形上，增加工作量。下面介绍快速选中连续多个多边形的方法，这种方法也适用于选中连续多个点和边。

按 V 键后，视窗中会弹出图4-45所示的菜单，然后将鼠标指针移动到"选择"选项上，会自动弹出图4-46所示的菜单。

图4-45　　　　　　图4-46

循环选择：可以选择连续循环的多边形，案例步骤中就是用这个工具选取多边形。

环状选择：可以选择环状连续的多边形。

轮廓选择：在"边"模式 中按照模型的轮廓选择连续的对象。

填充选择：选择类似杯子等凹陷模型的内部多边形时非常实用。

03 单击鼠标右键，在弹出的菜单中选择"挤压"选项 ，设置"偏移"为 -5cm，如图4-47所示。这样就可以观察到选中的多边形向内凹陷。

图4-47

04 仔细观察数字1的模型，会发现在转角的位置出现图4-47所示的共面问题。按快捷键Ctrl+Z返回未挤压之前的状态，然后切换到"边"模式 ，选中模型90°转角的边，将其进行倒角，如图4-48所示。

图4-48

05 切换到"多边形"模式 ，然后向内挤压 -5cm，就可以看到转角的位置没有了共面现象，如图4-49所示。

图4-49

06 切换到"边"模式 ，然后选中模型边缘的边，接着在右键菜单中选择"提取样条"选项 ，形成文字样条，如图4-50所示。

图4-50

技巧与提示

步骤06中的方法简单快速，如果读者操作不了，也可以用"文本样条"工具 创建一个相同大小的文本样条。

07 使用"圆环"工具 在场景中创建一个"半径"为3cm的圆环样条，然后使用"扫描"生成器 对其与上一步分离的样条进行扫描，效果如图4-51所示。

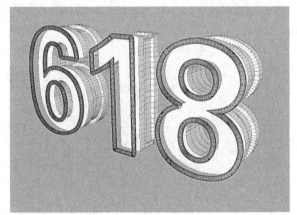

图4-51

08 在"点"模式 ⚆ 中将6和8两个模型的空心位置调整为圆形效果,如图4-52所示。

图4-52

09 使用"齿轮"工具 ⚙ 齿轮 在文字6的空心位置创建一个齿轮样条,设置"根半径"为13.636cm,"附加半径"为15cm,"半径"为10cm,如图4-53所示。

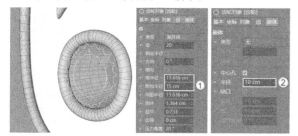

图4-53

10 为上一步创建的齿轮样条添加"挤压"生成器 ⚄ ,设置"偏移"为5cm,"倒角外形"为"圆角","尺寸"为0.2cm,"分段"为2,如图4-54所示。

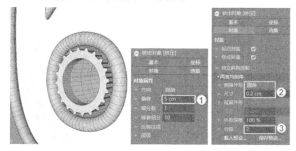

图4-54

11 将齿轮模型复制两份到文字8的空心位置,并根据空隙适当放大,效果如图4-55所示。

图4-55

12 使用"螺旋线"工具 ⚄ 螺旋线 在文字1的凹陷位置创建一个螺旋样条,设置"起始半径"和"结束半径"都为5cm,"结束角度"为4500°,"高度"为70cm,如图4-56所示。

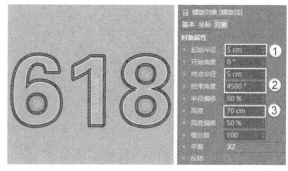

图4-56

13 使用"圆环"工具 ⚆ 圆环 在场景中创建一个"半径"为0.8cm的圆环,然后使用"扫描"生成器 ⚄ 扫描 对其与上一步绘制的螺旋样条进行扫描,效果如图4-57所示。

图4-57

14 使用"圆柱体"工具 ⚄ 圆柱体 在螺旋模型的上下两端创建两个圆柱体模型,效果如图4-58所示。

图4-58

⑮ 使用"样条画笔"工具 ✐ 在6的模型中绘制图4-59所示的样条。

图4-59

⑯ 使用"圆环"工具 ◯ 圆环 创建一个"半径"为3cm的圆环样条，然后使用"扫描"生成器 ✐ 扫描 将其转换为模型，如图4-60所示。

图4-60

⑰ 按照相同的方法在8的模型上添加弧形模型，如图4-61所示。

图4-61

⑱ 使用"球体"工具 ◯ 球体 在模型上创建一个"半径"为5cm的半球体模型，如图4-62所示。

图4-62

⑲ 将上一步创建的半球体模型复制多个，摆放在其他模型表面，如图4-63所示。

图4-63

⑳ 使用"圆柱体"工具 ◻ 圆柱体 在模型1的顶部创建一个圆柱体模型，设置"半径"为10cm，"高度"为8cm，然后勾选"圆角"选项，设置"分段"为3，"半径"为1cm，如图4-64所示。

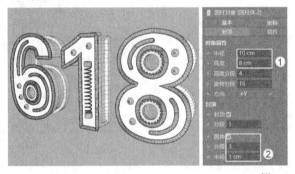

图4-64

㉑ 将上一步创建的圆柱体模型向上复制一份，然后修改"半径"为8cm，"高度"为12cm，如图4-65所示。

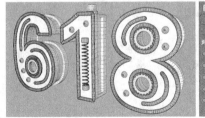

图4-65

㉒ 使用"样条画笔"工具 🖊 在模型边缘绘制图4-66所示的样条,然后创建一个"半径"为1cm的圆环样条,并使用"扫描"生成器 🔗扫描 生成模型,如图4-67所示。

图4-66

图4-67

㉓ 将上一步生成的模型复制多个,摆放在其他模型上。案例最终效果如图4-68所示。

图4-68

🖼 课堂案例

用可编辑对象建模制作卡通房屋

场景文件	无
实例文件	实例文件>CH04>课堂案例:用可编辑对象建模制作卡通房屋.c4d
视频名称	课堂案例:用可编辑对象建模制作卡通房屋.mp4
学习目标	掌握可编辑对象建模的方法

本案例用立方体制作卡通风格的房屋模型,效果如图4-69所示。

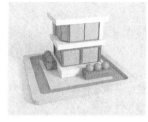

图4-69

① 使用"立方体"工具 🔲立方体 在场景中创建一个立方体模型,并设置"尺寸.X"为200cm,"尺寸.Y"为30cm,"尺寸.Z"为200cm,如图4-70所示。

图4-70

② 将上一步创建的立方体模型转换为可编辑对象,在"多边形"模式 🔷 下选中图4-71所示的多边形。

图4-71

③ 使用"内部挤压"工具 🔲内部挤压 将选中的多边形向内挤压10cm,如图4-72所示。

图4-72

04 使用"挤压"工具 ▦挤压 将多边形向下挤压 – 3cm，如图4-73所示。

图4-73

05 使用"立方体"工具 ▦立方体 继续创建一个立方体模型，设置"尺寸.X"为150cm，"尺寸.Y"为80cm，"尺寸.Z"为180cm，如图4-74所示。

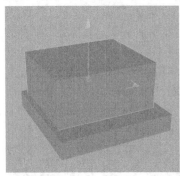

图4-74

06 将上一步创建的立方体转换为可编辑对象，进入"多边形"模式 ▦并单击鼠标右键，在弹出的菜单中选择"循环/路径切割"选项 ▦循环/路径切割，如图4-75所示。在立方体中间添加一圈循环的分段线，如图4-76所示。

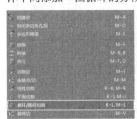

图4-75

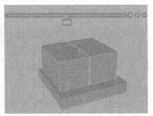

图4-76

07 选中图4-77所示的多边形，使用"内部挤压"工具 ▦内部挤压 向内挤压10cm，如图4-78所示。

图4-77

图4-78

08 保持选中的多边形不变，使用"挤压"工具 ▦挤压 向内挤压 – 6cm，如图4-79所示。

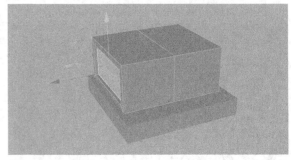

图4-79

09 选中视图前方左侧的多边形，使用"内部挤压"工具 ▦内部挤压 向内挤压10cm，效果如图4-80所示。

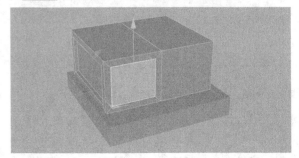

图4-80

10 使用"挤压"工具 ▦挤压 将多边形挤压 – 6cm，如图4-81所示。

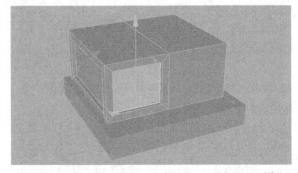

图4-81

11 使用相同的方法处理右侧的多边形，如图4-82所示。

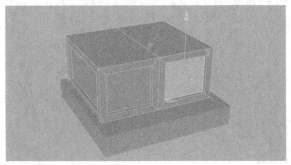

图4-82

⓬ 进入"点"模式 ❑ ，选中图4-83所示的顶点，并将其向下移动至与立方体的底面齐平，如图4-84所示。

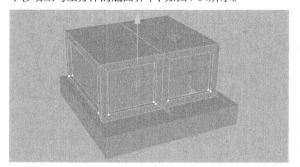

图4-83

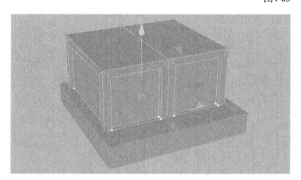

图4-84

⓭ 选中图4-85所示的顶点，向中间靠拢一段距离，如图4-86所示。

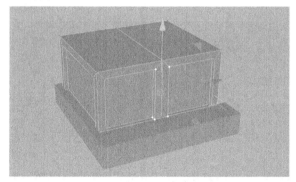

图4-85

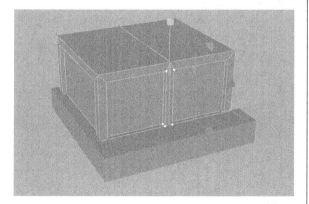

图4-86

⓮ 使用"立方体"工具 ❑ 立方体 在之前模型的上方创建一个立方体，设置"尺寸.X"为160cm，"尺寸.Y"为60cm，"尺寸.Z"为210cm，如图4-87所示。

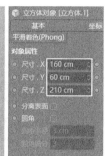

图4-87

⓯ 将上一步创建的立方体向上复制一份，并设置"尺寸.X"为170cm，"尺寸.Z"为220cm，如图4-88所示。

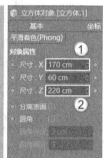

图4-88

立方体向上移动的距离不是固定的，需要根据中间空隙处的立方体距离而定。

⓰ 使用"矩形"工具 ❑ 矩形 在模型中间的空隙处创建一个矩形，并设置"宽度"为145cm，"高度"为185cm，如图4-89所示。

图4-89

⓱ 选中矩形并单击"转为可编辑对象"按钮█，将其转换为可编辑样条。单击鼠标右键，在弹出的菜单中选择"创建点"选项█ 创建点，并在样条上添加两个点，如图4-90所示。

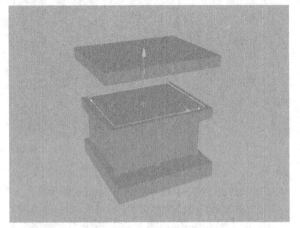

图4-90

⓲ 选择并移动矩形左下角的点到图4-91所示的位置，然后添加"挤压"生成器█，设置"偏移"为80cm，如图4-92所示。

图4-91

图4-92

⓳ 使用"立方体"工具█ 立方体创建一个立方体，设置"尺寸.X"为125cm，"尺寸.Y"为80cm，"尺寸.Z"为158cm，如图4-93所示。

图4-93

⓴ 将上一步创建的立方体转换为可编辑对象，进入"边"模式█，选中图4-94所示的边，然后单击鼠标右键，在弹出的菜单中选择"倒角"选项█ 倒角，设置"偏移"为30cm，如图4-95所示。

图4-94

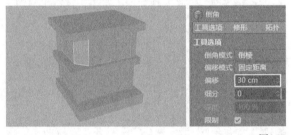

图4-95

㉑ 使用"循环/路径切割"工具█ 循环/路径切割为立方体添加一圈分段线，如图4-96所示。

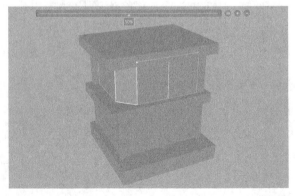

图4-96

㉒ 进入"多边形"模式 ,选中图4-97所示的多边形，然后使用"内部挤压"工具 向内挤压2cm，如图4-98所示。

图4-97

图4-98

技巧与提示

取消勾选"保持群组"选项，多边形会以独立形式向内挤压。

㉓ 使用"挤压"工具 将选中的多边形向内挤压－2cm，效果如图4-99所示。

图4-99

㉔ 将底部的立方体复制一份，并调整宽度，效果如图4-100所示。

图4-100

㉕ 使用"球体"工具 在立方体上创建3个"半径"为17cm、"分段"为16的球体，效果如图4-101所示。

图4-101

㉖ 将立方体与球体复制一份，放在房子的左侧，效果如图4-102所示。

图4-102

㉗ 房子的主体模型完成，接下来制作地面。使用"立方体"工具 在房子下方创建一个立方体，设置"尺寸.X"和"尺寸.Z"都为260cm，"尺寸.Y"为5cm，如图4-103所示。

图4-103

㉘ 将房子底部的立方体复制一份，放在最下方并放大体积，如图4-104所示。

图4-104

㉙ 进入"边"模式 ，选中图4-105所示的边，使用"倒角"工具 倒角 进行倒角，设置"偏移"为18cm，"细分"为3，如图4-106所示。

图4-105

图4-106

㉚ 调整模型的细节，案例最终效果如图4-107所示。

图4-107

🖥 课堂案例

用可编辑对象建模制作卡通角色

场景文件	无
实例文件	实例文件>CH04>课堂案例：用可编辑对象建模制作卡通角色.c4d
视频名称	课堂案例：用可编辑对象建模制作卡通角色.mp4
学习目标	掌握可编辑对象建模的方法

本案例的卡通猫咪模型是由多边形建模制作而成的，模型效果如图4-108所示。

图4-108

① 新建一个立方体模型，然后设置"尺寸.X"为100cm，"尺寸.Y"为220cm，"尺寸.Z"为200cm，"分段X"为1，"分段Y"和"分段Z"为3，如图4-109所示。

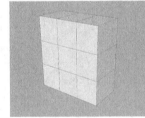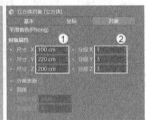

图4-109

② 为上一步创建的立方体模型添加"细分曲面"生成器 ，效果如图4-110所示。

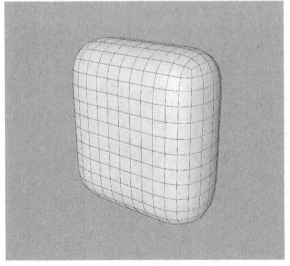

图4-110

03 按C键将模型转换为可编辑对象，然后删除模型的一半，接着为其添加"对称"生成器 对称 ，如图4-111和图4-112所示。

图4-111

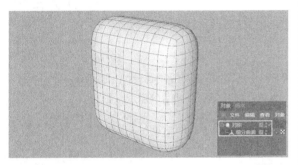

图4-112

04 在"多边形"模式 中选中图4-113所示的面，然后使用"挤压"工具 挤压 向外挤出40cm，并设置"细分数"为3，如图4-114所示。

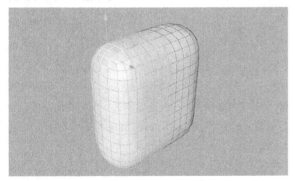

图4-113

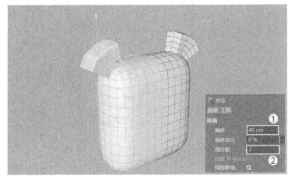

图4-114

05 保持选中的多边形不变，然后将挤出的耳朵模型进行适当缩放，如图4-115所示。

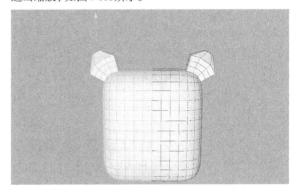

图4-115

06 在"点"模式 中调整耳朵的造型，如图4-116所示。

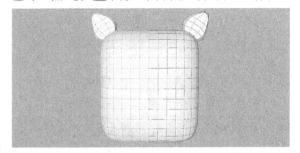

图4-116

07 在"多边形"模式 中选中图4-117所示的多边形，然后使用"内部挤压"工具 内部挤压 向内挤压3cm，如图4-118所示。

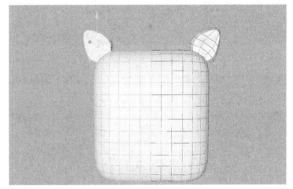

图4-117

图4-118

08 保持选中的多边形不变，然后使用"挤压"工具 ⬚挤压 向内挤压 −8cm，如图4-119所示。

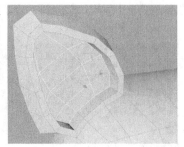

图4-119

09 使用"缩放"工具 ⬚ 将多边形向内收缩一部分，使耳朵内侧形成内收的过渡效果，如图4-120所示。

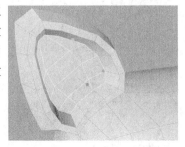

图4-120

10 切换到"点"模式 ⬚，然后单击鼠标右键，在弹出的菜单中选择"笔刷"选项 ⬚ 笔刷，如图4-121所示。

创建点	M~A	熨烫	M~G
封闭多边形孔洞	M~D	设置点值	M~U
多边形画笔	M~E	阵列	
倒角	M~S	克隆	
桥接	M~B, B	镜像	M~H
挤压	M~T, D	坍塌	U~C
连接点/边	M~M	缝合	M~P
线性切割	K~K, M~K	焊接	M~Q
平面切割	K~J, M~J	删除	M~N, Ctrl+BS, Ctrl+Del
循环/路径切割	K~L, M~L		
笔刷	M~C	融解	U~Z, Alt+BS, Alt+Del
磁铁	M~I	优化...	U~O, U~Shift+O ⚙
滑动	M~O		

图4-121

11 使用"笔刷"工具 ⬚笔刷 在模型上拖曳，可以柔和地调节点的位置，如图4-122所示。

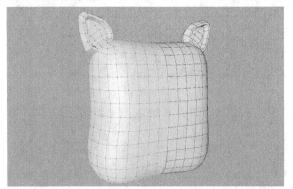

图4-122

> ✍ **技巧与提示**
> 在右侧的"属性"面板中可以调节笔刷的强度和大小。

12 仔细观察模型，会发现在对称的连接处存在缝隙。勾选"对称"选项，然后设置"公差"为2cm，就可以消除连接处的缝隙，如图4-123所示。

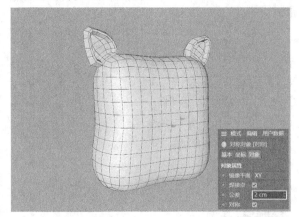

图4-123

13 使用"球体"工具 ⬚球体 在模型正面创建一个"半径"为20cm的半球体，如图4-124所示。

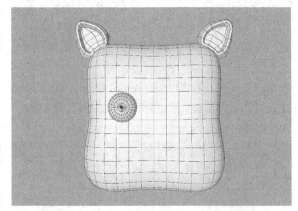

图4-124

14 使用"样条画笔"工具 ⬚ 绘制另一侧眼睛的路径，然后创建一个"半径"为1cm的圆环并进行扫描，如图4-125所示。

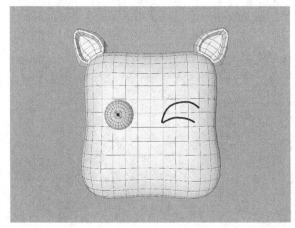

图4-125

⑮ 按照制作眼睛的方法制作嘴巴，如图4-126所示。

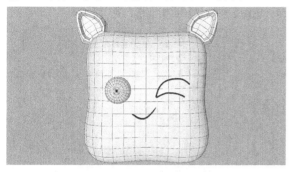

图4-126

⑯ 制作脸上的装饰点，如图4-127所示。

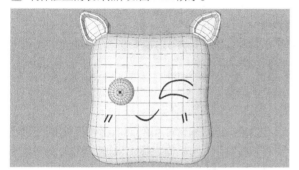

图4-127

⑰ 使用"花瓣形"工具 ❀ 花瓣形 在嘴巴下方绘制一个四叶草的样条，具体参数如图4-128所示。

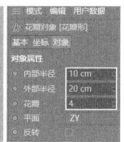

图4-128

⑱ 为上一步绘制的四叶草样条添加"挤压"生成器 █，设置"偏移"为1cm，并添加倒角效果，如图4-129所示。

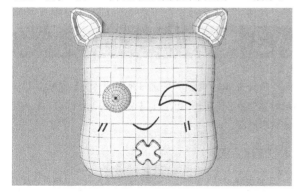

图4-129

⑲ 使用"样条画笔"工具 ▧ 在眼睛上方绘制眉毛的样条，并添加"挤压"生成器 █ 生成模型，效果如图4-130所示。

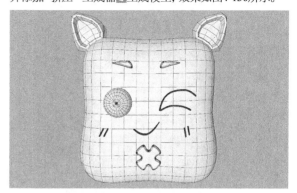

图4-130

⑳ 为脸部的模型添加"细分曲面"生成器 █，使模型更加圆滑，效果如图4-131所示。

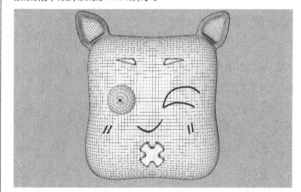

图4-131

㉑ 使用"立方体"工具 █ 立方体 在脸部模型下方创建一个立方体模型作为脚部模型，具体参数如图4-132所示。

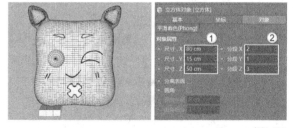

图4-132

㉒ 选中上一步创建的立方体模型，然后按C键将其转换为可编辑对象，接着在"多边形"模式 █ 中选中图4-133所示的多边形，使用"挤压"工具 █ 挤压 向上挤出，使其作为腿部模型连接脸部，如图4-134所示。

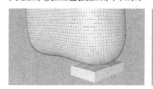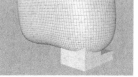

图4-133　　　　　　　　图4-134

㉓ 在"边"模式 中调整模型，使其呈现脚部的效果，如图4-135所示。

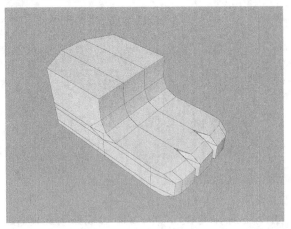

图4-135

📝 **技巧与提示**

　　脚趾的调整方法较为复杂，具体过程请观看案例视频。

㉔ 为脚部模型添加"细分曲面"生成器 ，使模型变得圆滑，效果如图4-136所示。

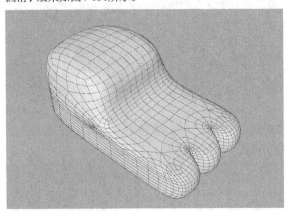

图4-136

㉕ 将脚部模型复制一份，放在另一侧，效果如图4-137所示。

图4-137

㉖ 将四叶草的模型向上复制一份，并制作连接的线条模型，案例最终效果如图4-138所示。

图4-138

📘 **课堂练习**

用可编辑对象建模制作颜料

场景文件	无
实例文件	实例文件>CH04>课堂练习：用可编辑对象建模制作颜料.c4d
视频名称	课堂练习：用可编辑对象建模制作颜料.mp4
学习目标	掌握可编辑对象建模的方法

　　本案例运用可编辑对象建模制作颜料模型，需要用到"放样" 、"细分曲面" 和"笔刷" ，效果如图4-139所示。分解步骤如图4-140所示。

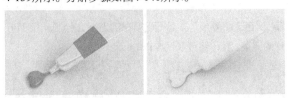

图4-139

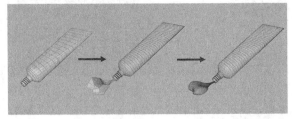

图4-140

4.3 雕刻

　　Cinema 4D的雕刻系统通过预置的各种笔刷配合可编辑对象建模，从而制作出形态丰富的模型，尤其适合制作液态类模型。

本节工具介绍

工具名称	工具作用	重要程度
笔刷	雕刻模型的笔刷	高

4.3.1 切换雕刻界面

Cinema 4D提供了专门的雕刻界面，以方便用户操作。打开"界面"菜单，然后选择"Sculpt"选项，如图4-141所示。系统界面将切换到用于雕刻的界面，如图4-142所示。

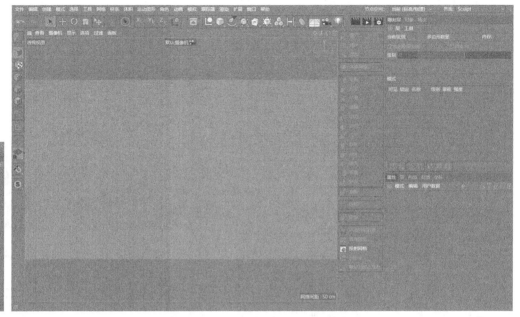

图4-141   图4-142

4.3.2 笔刷

▶️ 演示视频 046- 笔刷

Cinema 4D雕刻系统的预置笔刷有些类似于ZBrush的笔刷，可以实现抓起、压平和挤捏等效果，笔刷面板如图4-143所示。

图4-143

> 📝 **技巧与提示**
>
> 读者需要注意，必须将参数对象转为可编辑对象后才能使用雕刻的笔刷，其余状态的对象都不能使用。

细分...： 设置模型的细分数量，数值越大，模型的网格越多。

> 📝 **技巧与提示**
>
> 网格越多，模型雕刻的效果越细腻，但所占用的内存也越大。过多的网格会使系统运行速度减慢，甚至会导致软件意外退出。

减少： 减少模型网格数量。

增加： 增加模型网格数量。

抓取： 拖曳选取的对象，如图4-144所示。

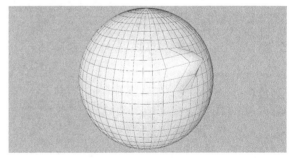

图4-144

平滑： 让选取的点变得平滑，如图4-145所示。

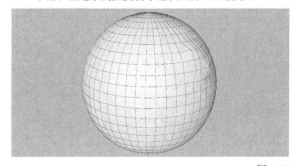

图4-145

切刀：让模型表面产生细小褶皱，如图4-146所示。

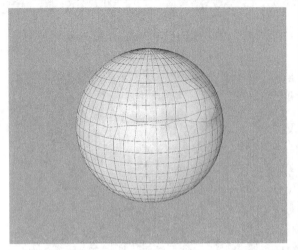

图4-146

挤捏：将顶点挤捏在一起，如图4-147所示。

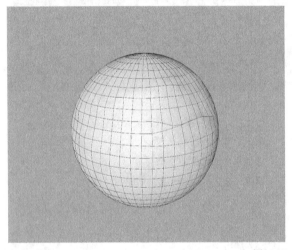

图4-147

膨胀：沿着模型法线方向移动点，如图4-148所示。

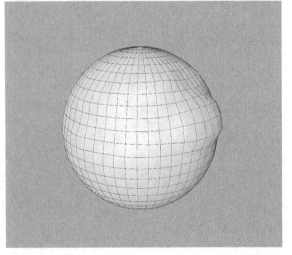

图4-148

用雕刻工具制作雪糕

场景文件	无
实例文件	实例文件>CH04>课堂案例：用雕刻工具制作雪糕.c4d
视频名称	课堂案例：用雕刻工具制作雪糕.mp4
学习目标	掌握可编辑对象建模的方法

本案例的雪糕模型由多边形建模和雕刻建模两部分组成，模型效果如图4-149所示。

图4-149

01 使用"立方体"工具 立方体 在场景中创建一个立方体模型，然后设置"尺寸.X"为50cm，"尺寸.Y"为300cm，"尺寸.Z"为200cm，如图4-150所示。

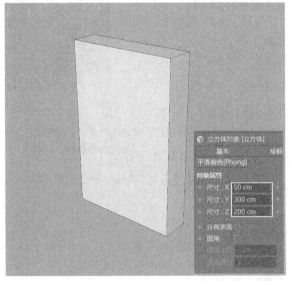

图4-150

⓶ 按C键，将上一步创建的立方体模型转换为可编辑对象，然后调整模型的造型为雪糕的大致外形，如图4-151所示。

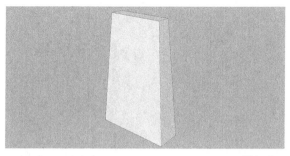

图4-151

⓷ 切换至"点"模式 ，使用"循环/路径切割"工具 循环/路径切割 在模型上添加循环分段线，如图4-152所示。

图4-152

⓸ 调整点的位置，使模型更接近雪糕的造型，如图4-153所示。

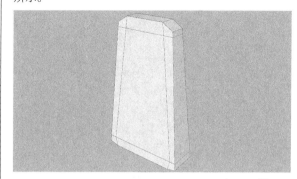

图4-153

⓹ 给模型添加"细分曲面"生成器 ，然后将其转换为可编辑对象，效果如图4-154所示。

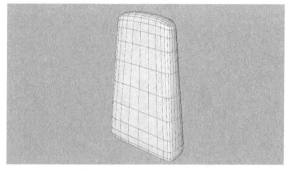

图4-154

⓺ 在"界面"菜单中选择"Sculpt"选项，切换到"雕刻"模式的界面，如图4-155所示。

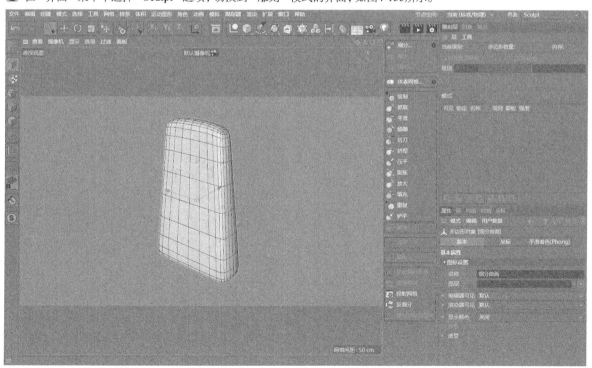

图4-155

⑦ 单击"细分"按钮 ，使模型的细分增加，如图4-156所示。

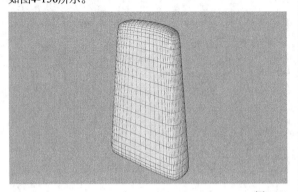

图4-156

⑧ 使用"膨胀"工具 在模型上添加一些膨胀的效果，营造出雪糕融化的感觉，如图4-157所示。

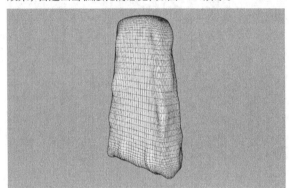

图4-157

📝 技巧与提示

读者如果在调整模型时觉得效果不到位，可以单击"细分"按钮 再增加一次细分。

⑨ 使用"抓取"工具 在雪糕下方抓取一些模型，使其产生向下滴水的效果，如图4-158所示。

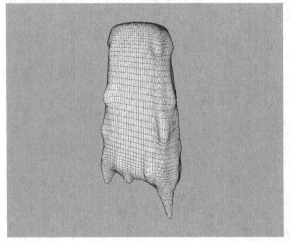

图4-158

⑩ 使用"膨胀"工具 将抓取的模型做成水滴形状，如图4-159所示。

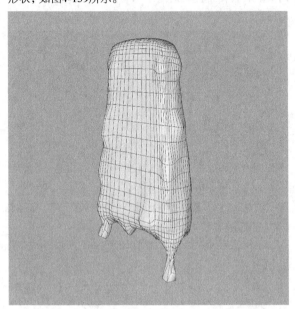

图4-159

📝 技巧与提示

按住Ctrl键并使用"膨胀"工具 可以使模型向内收缩。

⑪ 使用"平滑"工具 将模型表面进行一定程度的平滑，同时增加细分并调整模型的细节部分，如图4-160所示。

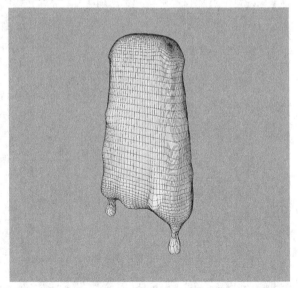

图4-160

⑫ 返回"启动"界面，然后使用"矩形"工具 在雪糕模型下方创建一个矩形样条，效果及参数如图4-161所示。

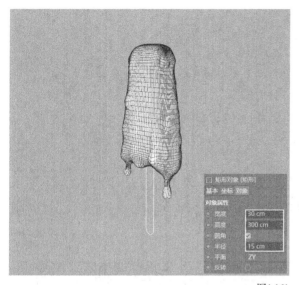

图4-161

⑬ 为上一步绘制的样条添加"挤压"生成器 ，设置
"偏移"为1cm，"尺寸"为1cm，"分段"为1，如图4-162
所示。案例最终效果如图4-163所示。

图4-162

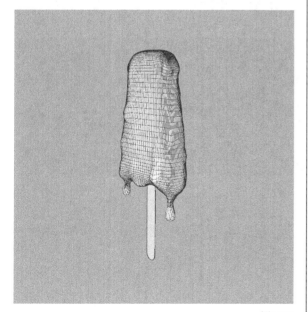

图4-163

4.4 本章小结

本章主要讲解了Cinema 4D的高级建模技术。在样条
建模中，详细讲解了转换为可编辑样条的方法和常用的编
辑样条的工具。在多边形建模中，详细讲解了转换为可编
辑多边形的方法。对于编辑多边形的点、线和多边形的常
用工具，读者需要完全掌握。在雕刻中，讲解了雕刻界面
和常用笔刷。本章综合性较强，难度较大，希望读者对这
些建模工具勤加练习。

4.5 课后习题

本节安排了两个课后习题供读者进行练习。这两个
习题将本章学习的知识进行了综合运用。如果读者在练
习时有疑问，可以一边观看教学视频，一边学习模型创建
方法。

课后习题：制作低多边形小岛

场景文件	无
实例文件	实例文件>CH04>课后习题：制作低多边形小岛.c4d
视频名称	课后习题：制作低多边形小岛.mp4
学习目标	掌握可编辑对象建模的方法

本案例制作低多边形风格的小岛模型，如图4-164所
示。步骤分解如图4-165所示。

图4-164

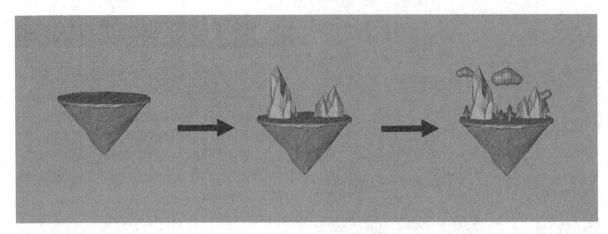

图4-165

课后习题：制作机械模型

场景文件	无
实例文件	实例文件>CH04>课后习题：制作机械模型.c4d
视频名称	课后习题：制作机械模型.mp4
学习目标	掌握可编辑对象建模的方法

本案例制作一个机械模型，如图4-166所示。步骤分解如图4-167所示。

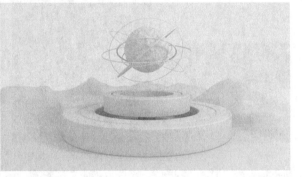

图4-166

图4-167

第 **5** 章

摄像机技术

本章将讲解 Cinema 4D 的摄像机技术。通过本章的学习，读者能够掌握摄像机的创建方法、景深和运动模糊的制作方法，了解图像比例和安全框的设置方法。

学习目标

◇ 掌握创建摄像机的方法

◇ 掌握用摄像机制作景深和运动模糊效果的方法

◇ 了解安全框的用法

5.1 常用的摄像机

长按工具栏中的"摄像机"按钮，会弹出Cinema 4D中的摄像机菜单，如图5-1所示。

图5-1

本节工具介绍

工具名称	工具作用	重要程度
摄像机	对场景进行拍摄	高
目标摄像机	对场景进行定向拍摄	中

5.1.1 摄像机

演示视频 047- 摄像机

"摄像机"工具 是使用频率较高的摄像机工具之一。不同于其他三维软件创建摄像机的方法，Cinema 4D只需要在视图中找到合适的视角，然后单击"摄像机"按钮 即可完成创建。创建的摄像机会出现在"对象"面板中，如图5-2所示。

图5-2

单击"对象"面板中的 按钮，即可进入摄像机视图。为了防止在场景操作时，不小心移动摄像机，可以在"摄像机"上单击鼠标右键，在弹出的菜单中选择"装配标签>保护"选项，如图5-3所示。此时摄像机的后方会出现一个"保护"标签 的图案，如图5-4所示。

图5-3

图5-4

"摄像机"的"属性"面板中有"基本""坐标""对象""物理""细节""立体""合成""球面""保护"共9个选项卡，如图5-5所示。

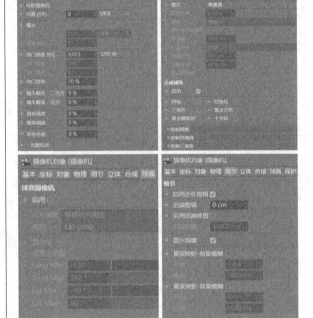

图5-5

技巧与提示

只要添加了"保护"标签，就会显示"保护"选项卡。

投射方式：设置摄像机投射的视图。

焦距：设置焦点到摄像机的距离，默认为36mm。

视野范围：设置摄像机查看区域的宽度视野。

目标距离：设置目标对象到摄像机的距离。

焦点对象：设置摄像机焦点链接的对象。

自定义色温：设置摄像机的照片滤镜，默认为6500。

电影摄像机：勾选该选项后会激活"快门角度"和"快门偏移"选项。

技巧与提示

在默认的"标准"渲染器中，不能设置"光圈""曝光"和"ISO"等参数，只有将渲染器切换为"物理"时，才能设置这些参数。

快门速度： 控制快门的速度。

近端剪辑/远端修剪： 设置摄像机画面选取的区域，只有处于这个区域中的对象才能被渲染。

课堂案例

为场景添加摄像机

场景文件	场景文件>CH05>01.c4d
实例文件	实例文件>CH05>课堂案例：为场景添加摄像机.c4d
视频名称	课堂案例：为场景添加摄像机.mp4
学习目标	掌握摄像机的创建方法

本案例需要为一个浪漫主题的场景添加摄像机，使其呈现直视效果，如图5-6所示。

图5-6

01 打开本书学习资源文件"场景文件>CH05>01.c4d"，如图5-7所示。

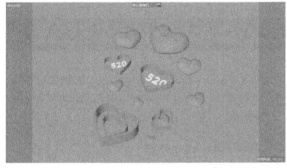

图5-7

02 按住Alt键和鼠标左键并拖曳鼠标，切换至图5-8所示的视角。

图5-8

03 单击"摄像机"按钮，就可以看到"对象"面板中增加了"摄像机"选项，如图5-9所示。

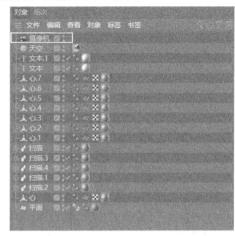

图5-9

04 单击"摄像机"后的按钮，进入摄像机视图，如图5-10所示。

图5-10

技巧与提示

相信细心的读者已经发现画面上方有一个标签。默认情况下，这个标签显示为"默认摄像机"，而当单击"摄像机"后的按钮后，标签会切换到"摄像机"。这样就能方便读者识别当前的视图是透视图还是摄像机视图。

05 按住视窗左上角的"移动"按钮不放，然后拖曳鼠标，就可以在摄像机视图中平移画面，精确调整摄像机的位置，如图5-11所示。

图5-11

06 按住"推拉"按钮 和"移动"按钮 并拖曳鼠标，调整模型在画面中的位置，如图5-12所示。

图5-12

> **技巧与提示**
>
> 除了运用视窗右上角的按钮调整摄像机的位置，还可以在四视图模式中选中摄像机对象，然后移动其位置。

07 按快捷键Shift + R渲染场景，效果如图5-13所示。

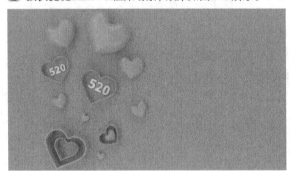

图5-13

5.1.2 目标摄像机

▶️ 演示视频 048- 目标摄像机

"目标摄像机"工具 目标摄像机 与"摄像机"工具 的使用方法相同，只是会在"对象"面板中多一个"目标"标签和"摄像机.目标"空对象，如图5-14所示。

图5-14

"目标摄像机"的"属性"面板与"摄像机"基本相同，但会多出"目标"选项卡，如图5-15所示。"目标对象"选项可以设置需要成为目标点的对象。如果单击"删除标签"按钮 删除标签 ，"目标摄像机"的属性就与"摄像机"完全一样了。

图5-15

选择了"目标对象"后，需要返回"对象"选项卡，然后勾选"使用目标对象"选项，如图5-16所示。这样在制作景深和运动模糊时，才能将目标对象与摄像机相连接。

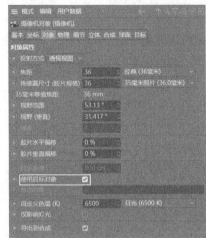

图5-16

"目标摄像机"和"摄像机"最大的区别在于，"目标摄像机"连接了目标对象，只要移动目标对象的位置，摄像机的位置就会跟着移动。

> **技巧与提示**
>
> "目标摄像机"的其余参数与"摄像机"相同，这里不再赘述。

5.2 安全框

安全框类似于相框，用于呈现画面中需要展示的区域。安全框的比例决定了最终渲染输出画面的长宽比例，是非常重要的一个工具。

本节工具介绍

工具名称	工具作用	重要程度
安全框	显示场景渲染范围	中
胶片宽高比	设置渲染图片的长宽比例	中

5.2.1 安全框的设置

▶️ 演示视频 049- 安全框的设置

安全框是视图中的安全线，安全框内的对象在渲染时不会被裁剪掉。如图5-17所示，上方的视窗内容与下方渲染内容不完全相同，通过对比可发现上方视窗中左右两边的部分树叶模型被裁剪掉了，视窗两侧的半透明黑色部分就是安全框的部分。

图5-17

安全框的颜色和透明度是可以调整的。在"属性"面板中单击"模式"菜单，然后选择"视图设置"选项，如图5-18所示。此时"属性"面板显示效果如图5-19所示。

图5-18　　　　　　　　　　　　　图5-19

切换到"安全框"选项卡，就可以看到安全框的相关参数设置，如图5-20所示。

图5-20

安全范围：默认勾选此选项，在视窗的周围会看到半透明的黑色区域，代表开启了安全框。

标题安全框：勾选此选项，会在视窗中间显示黑色的线框，如图5-21所示。

图5-21

尺寸：调节数值可以控制安全框的范围。

动作安全框：勾选此选项，会在视窗中显示另一个黑色线框，如图5-22所示。这个线框一般在制作动画时开启。

图5-22

渲染安全框：此选项默认呈勾选状态，线框范围与渲染的范围相同。

透明：设置渲染安全框的颜色透明度，对比效果如图5-23所示。

透明：40%

透明：80%

图5-23

颜色：设置安全框的颜色，默认为黑色。读者可根据场景的具体情况灵活调整其颜色。

5.2.2 胶片宽高比

▶️ 演示视频 050- 胶片宽高比

　　为了达到理想的画面效果，在摄像机不能继续调整的情况下，就需要调整"渲染安全框"的长宽比例，即"胶片宽高比"。设置"胶片宽高比"的位置不在摄像机的属性中，而是在"渲染设置"面板中，如图5-24所示。

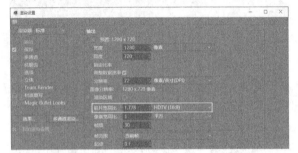

图5-24

　　除了可以设置任意的"胶片宽高比"，系统也提供了预置的参数，如图5-25所示。其他比例的效果如图5-26所示。

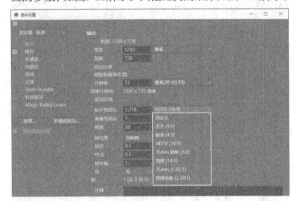

图5-25

正方（1∶1）　　　　　标准（4∶3）

HDTV（16∶9）　　　　35mm静帧（3∶2）

宽屏（14∶9）　　　　35mm（1.85∶1）

图5-26

宽屏电影（2.39∶1）

图5-26（续）

📝 **技巧与提示**

　　在这些比例中，最常用的是"标准（4∶3）"和"HDTV（16∶9）"两种。

5.3 摄像机特效

　　摄像机除了生成画面比例外，还可以为场景添加一些特效，例如景深和运动模糊。本节将为读者讲解这两种常见的摄像机特效的制作方法。

5.3.1 景深

　　景深是指在摄像机镜头或其他成像器前沿能够取得清晰图像的成像所测定的被摄物体前后距离范围。光圈、镜头及焦平面到拍摄物的距离是影响景深的重要因素。在聚焦完成后，焦点前后的范围内所呈现的清晰图像的距离便叫作景深。图5-27所示是一幅带有景深效果的图片。

图5-27

　　在Cinema 4D中设置景深效果有以下两个要素。

　　第1个：需要在摄像机中设置"目标距离"和"焦点对象"这两个选项中的一个。

第2个： 需要将渲染器切换为"物理"，并在"物理"中勾选"景深"选项，如图5-28所示。

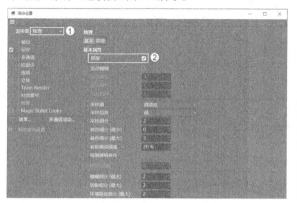

图5-28

🔲 课堂案例

用摄像机制作场景的景深效果

场景文件	场景文件>CH05>02.c4d
实例文件	实例文件>CH05>课堂案例：用摄像机制作场景的景深效果.c4d
视频名称	课堂案例：用摄像机制作场景的景深效果.mp4
学习目标	掌握景深效果的创建方法

本案例需要为一个卡通场景创建摄像机，然后添加焦点对象，从而制作景深效果，如图5-29所示。

图5-29

01 打开本书学习资源文件"场景文件>CH05>02.c4d"，如图5-30所示。

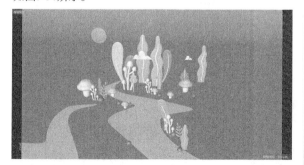

图5-30

02 拖曳并旋转视图窗口，然后找到一个合适的角度，单击"摄像机"按钮🎥，在场景中添加摄像机，如图5-31所示。

图5-31

03 在视图窗口中选中焦点对象，然后在"对象"面板中选中"摄像机"选项，如图5-32所示。

图5-32

04 在"对象"面板中将选中的模型"蘑菇.6"选项向下拖曳到"焦点对象"后的通道中，如图5-33所示。这样便将摄像机的焦点与"蘑菇.6"进行了关联。

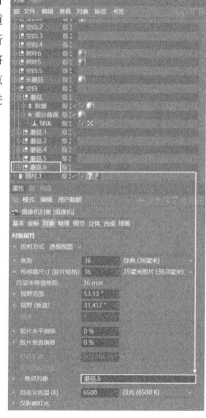

图5-33

05 按快捷键Ctrl+B打开"渲染设置"面板，然后设置"渲染器"为"物理"，接着选中"物理"选项，在右侧勾选"景深"选项，如图5-34所示。设置渲染器为"物理"就能渲染出景深效果。

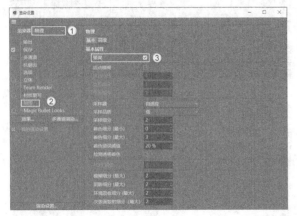

图5-34

06 按快捷键Shift+R，在弹出的"图像查看器"中渲染场景，效果如图5-35所示。

图5-35

07 靠近摄像机位置的模型出现了一定的模糊效果，但不够明显。选中"摄像机"选项，在"物理"选项卡中设置"光圈（f/#）"为1，如图5-36所示。再次按快捷键Shift+R渲染场景，效果如图5-37所示。此时就能明显地观察到画面中的景深效果。

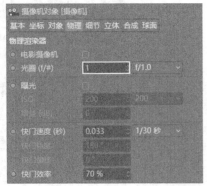

图5-36

图5-37

5.3.2 运动模糊

当摄像机在拍摄运动的物体时，运动的物体或周围的场景会产生模糊的现象，这就是运动模糊，如图5-38所示。摄像机的快门速度可以控制场景中模糊的对象。当快门速度与运动的速度相似时，运动的物体清晰，周围则变得模糊；当快门速度与运动物体的速度相差较大时，运动的物体模糊，周围则变得清晰。

图5-38

在Cinema 4D中设置运动模糊效果有以下两个要素。

第1个：需要在摄像机中设置"目标距离"和"焦点对象"这两个选项中的一个。

第2个：需要将"渲染器"切换为"物理"，并在"物理"中勾选"运动模糊"选项，如图5-39所示。

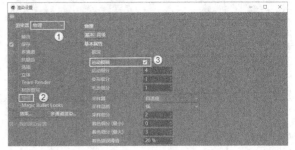

图5-39

📇 课堂案例

用摄像机制作场景的运动模糊效果

场景文件	场景文件>CH05>03.c4d
实例文件	实例文件>CH05>课堂案例：用摄像机制作场景的运动模糊效果.c4d
视频名称	课堂案例：用摄像机制作场景的运动模糊效果.mp4
学习目标	掌握运动模糊效果的创建方法

本案例需要在一个走廊模型内添加摄像机，并为摄像机添加运动动画，从而渲染出带有运动模糊的效果，如图5-40所示。

图5-40

①▶ 打开本书学习资源文件"场景文件>CH05>03.c4d"，如图5-41所示。

图5-41

②▶ 在透视图中寻找一个合适的角度，然后单击"摄像机"按钮📷，在场景中创建摄像机，如图5-42所示。

图5-42

③▶ 切换到顶视图，然后按快捷键Ctrl+F9打开"自动关键帧"🔘，此时视窗的边缘会出现红色的线框，如图5-43所示。

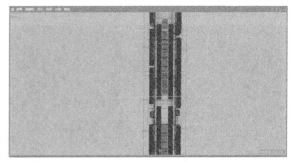

图5-43

④▶ 移动时间滑块到第10帧的位置，然后向前移动摄像机到图5-44所示的位置，接着按快捷键Ctrl+F9关闭"自动关键帧"🔘。

图5-44

📝 技巧与提示

添加关键帧的详细步骤请观看案例视频。

⑤▶ 按快捷键Ctrl+B打开"渲染设置"面板，设置"渲染器"为"物理"，然后选中"物理"选项，在右侧的面板中勾选"运动模糊"选项，如图5-45所示。

图5-45

⑥▶ 返回"摄像机"视窗，然后移动时间滑块到第4帧的位置，如图5-46所示。

图5-46

07 按快捷键Shift+R渲染场景，效果如图5-47所示。

图5-47

08 观察画面，发现运动模糊的效果不是很明显。选中"摄像机"选项，然后设置"快门速度（秒）"为0.008，如图5-48所示。

图5-48

> **技巧与提示**
>
> 运动模糊的模糊程度与对象运动的速度和摄像机的快门速度都有关。摄像机的快门速度与对象的运动速度相差越大，模糊程度越高。

09 按快捷键Shift+R渲染场景，效果如图5-49所示。

图5-49

5.4 本章小结

本章主要讲解了Cinema 4D的摄像机技术，介绍了常用的"摄像机" 和"目标摄像机" 两种工具，读者需要重点掌握"摄像机"工具 。本章通过课堂案例介绍了建立摄像机的方法、制作景深效果的方法和制作运动模糊效果的方法。本章内容虽然较基础，但与后面的章节相联系，希望读者勤加练习。

5.5 课后习题

本节安排了两个课后习题供读者练习。这两个习题将本章学习的知识进行了综合运用。如果读者在练习时有疑问，可以一边观看教学视频，一边学习摄像机技术。

课后习题：为场景添加摄像机

场景文件	场景文件>CH05>04.c4d
实例文件	实例文件>CH05>课后习题：为场景添加摄像机.c4d
视频名称	课后习题：为场景添加摄像机.mp4
学习目标	练习摄像机的创建方法

为场景添加摄像机，效果如图5-50所示。

图5-50

课后习题：用摄像机制作景深效果

场景文件	场景文件>CH05>05.c4d
实例文件	实例文件>CH05>课后习题：用摄像机制作景深效果.c4d
视频名称	课后习题：用摄像机制作景深效果.mp4
学习目标	练习景深效果的创建方法

为一个绿植场景制作景深效果，需要将绿植作为画面的焦点，效果如图5-51所示。

图5-51

第 **6** 章

灯光技术

本章主要讲解 Cinema 4D 的灯光技术。通过了解灯光的属性和学习 Cinema 4D 的灯光工具，读者可以模拟出各式各样的灯光效果。

学习目标

◇ 了解灯光的基本属性

◇ 了解三点布光法

◇ 掌握常用的灯光工具

6.1 灯光的基本属性

本节将为读者讲解灯光的基本属性。只有了解了灯光各项属性的含义，才能更好地掌握Cinema 4D灯光工具的使用方法。

6.1.1 强度

灯光光源的强度影响灯光照亮对象的程度。暗淡的光源即使照射在很鲜艳的物体上，也只能产生暗淡的颜色效果。左图为低强度光源照亮的房间，右图为高强度光源照亮的同一个房间，如图6-1所示。

图6-1

6.1.2 入射角

表面法线与光线之间的夹角称为灯光的入射角。表面偏离光源的程度越大，它所接收到的光线越少，表现越暗。当入射角为0°（光线垂直接触表面）时，表面受到完全亮度的光源照射。随着入射角增大，照明亮度降低，入射角示意如图6-2所示。

图6-2

6.1.3 衰减

在现实生活中，灯光的亮度会随着距离的增加逐渐变暗，离光源远的对象比离光源近的对象暗，这种效果就是衰减。自然界中的灯光与被照射物体按照距离的平方反比进行衰减。通常在受大气粒子的遮挡后，衰减效果会更加明显，尤其在阴天和雾天的情况下。

图6-3所示是灯光衰减示意图，左图为反向衰减，右图为平方反比衰减。

图6-3

Cinema 4D中默认的灯光需要手动设置是否衰减，并选择衰减方式，通常选择"平方倒数（物理精度）"选项。

> 技巧与提示
>
> 在没有设置衰减的情况下，有可能会出现对象远离灯光却变得更亮的情况，这是对象表面的入射角度更接近0°所造成的。

6.1.4 反射光与环境光

对象反射后的光能够照亮其他对象，反射的光越多，照亮环境中其他对象的光也就越多。反射光能产生环境光，环境光没有明确的光源和方向，不会产生清晰的阴影。

图6-4所示的A（黄色光线）是平行光，也就是光源发射的光线；B（绿色光线）是反射光，也就是对象反射的光线；C是环境光，看不出明确的光源和方向。

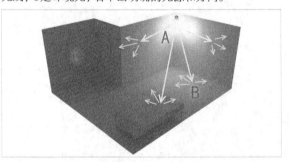

图6-4

在Cinema 4D中使用默认的渲染方式和灯光设置，无法计算出对象的环境光，因此需要在"渲染设置"面板中加载"全局光照"选项才能渲染出环境光。

环境光的亮度影响场景的对比度，亮度越高，场景的对比度就越低；环境光的颜色影响场景整体的颜色，有时环境光表现为对象的反射光线，颜色为场景中其他对象的颜色，但多数情况下，环境光应该是场景中主光源颜色的补色。

6.1.5 灯光颜色

灯光的颜色部分依赖于生成该灯光的方式。例如钨灯投影橘黄色的灯光，水银蒸汽灯投影冷色调的浅蓝色灯光，太阳光为浅黄色。灯光颜色也依赖于灯光通过的介质。例如，大气中的云将太阳光染为蓝色，脏玻璃可以将灯光染为浓烈的饱和色彩。

灯光的颜色也具备加色混合性，灯光的主要颜色为红色、绿色和蓝色（RGB）。当多种颜色混合在一起时，场景中总的灯光将变得更亮且逐渐变为白色，如图6-5所示。

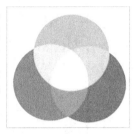

图6-5

在Cinema 4D中，用户可以用多种颜色模式调节灯光颜色，如色轮、光谱、RGB、HSV、开尔文温度等。人们总倾向于将场景看作白色光源照射的结果（这是一种称为色感一致性的人体感知现象），精确地再现光源颜色可能会适得其反，渲染出古怪的场景效果，所以在调节灯光颜色时，应当重视主观的视觉感受，而物理意义上的灯光颜色仅仅是作为一项参考。

■ 知识点：常见灯光类型的色温值

色温是一种按照绝对温标来描述颜色的方式，有助于描述光源颜色及其他接近白色的颜色值。下面列举一些常见灯光类型的色温值（Kelvin）。

阴天的日光：6000K。

中午的太阳光：5000K。

白色荧光：4000K。

钨/卤族元素灯：3300K。

白炽灯（100 ~ 200W）：2900K。

白炽灯（25W）：2500K。

日落或日出时的太阳光：2000K。

蜡烛火焰：1750K。

在制作时，我们将暖色光设置为3000~3500K、白色光设置为5000K、冷色光设置为6000~8000K，这样不仅好记，而且使用起来很方便。

6.1.6 三点布光法

三点布光法又称为区域照明，一般用于较小范围的场景照明。如果场景很大，可以把它拆分成若干个较小的区域进行布光。一般有3个光源即可，分别为主光源、辅助光源与轮廓光源，如图6-6所示。

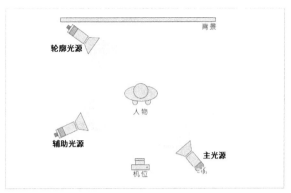

图6-6

主光源：通常用来照亮场景中的主要对象与其周围区域，并且给主体对象投影。场景的主要明暗关系和投影方向都由主光源决定。主光源的功能也可以根据需要，用几盏灯光来共同实现，如主光源在15° ~ 30° 的位置上称为顺光；在45° ~ 90° 的位置上称为侧光；在90° ~ 120° 的位置上称为侧逆光。

辅助光源：又称为补光，是一种均匀的、非直射式的柔和光源。辅助光源用来填充阴影区和被主光源遗漏的场景区域，调和明暗区域之间的反差，同时能形成景深与层次。这种广泛均匀布光的特性可为场景打一层底色，定义场景的基调。由于要达到柔和照明的效果，通常辅助光源的亮度只有主光源的50%~80%。

轮廓光源：又称为背光，用于将主体与背景分离，帮助凸显空间的形状和深度感。轮廓光源尤其重要，特别是当主体呈现暗色，且背景也很暗时，轮廓光源可以清晰地将二者进行区分。轮廓光源通常是硬光，以便强调主体轮廓。

6.1.7 其他常见布光方式

除了三点布光法，主光源和辅助光源也可以进行布光，如图6-7和图6-8所示。这两种布光方式都是主光源全开，辅助光源强度为主光源的一半甚至更少，这样会让对象呈现更加立体的效果。

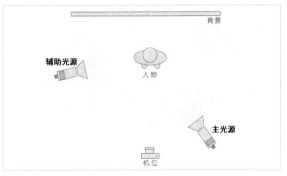

图6-7

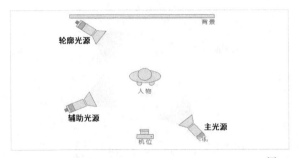

图6-8

6.2 Cinema 4D的灯光

长按工具栏中的"灯光"按钮🔘，会弹出Cinema 4D中的灯光菜单，如图6-9所示。

图6-9

本节工具介绍

工具名称	工具作用	重要程度
灯光	用于创建灯光	高
区域光	用于创建面光源	高
无限光	用于创建带有方向的直线光源	高
日光	用于创建太阳光	中

6.2.1 灯光

▶️ 演示视频 051- 灯光

"灯光"工具🔘创建的是一个点光源，点光源可以向场景的任何方向发射光线，其光线可以到达场景中无限远的地方，如图6-10所示。

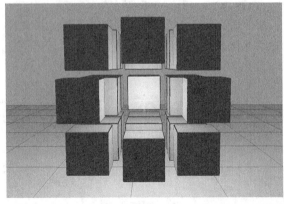

图6-10

"灯光"的"属性"面板参数较多，共有9个选项卡，如图6-11所示。

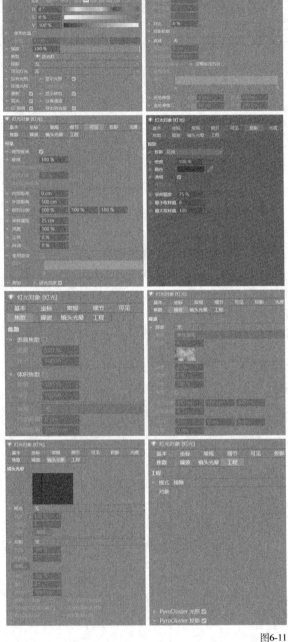

图6-11

颜色：设置灯光的颜色，默认为纯白色。系统提供了多种颜色设置方式，包括"色轮""光谱""从图像取色""RGB""HSV""开尔文温度""颜色混合""色块"。

强度：设置灯光的强度，默认为100%。

类型：设置灯光的当前类型，还可以切换为其他类型，如图6-12所示。

投影：设置是否产生投影，以及投影的类型，如图6-13所示。

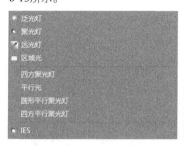

图6-12 图6-13

无：不产生阴影。

阴影贴图（软阴影）：边缘有虚化的阴影，如图6-14所示。

图6-14

光线跟踪（强烈）：边缘锐利的阴影，如图6-15所示。

图6-15

区域：既有锐利阴影，又有软阴影，更接近真实效果，如图6-16所示。通常都使用这种阴影投影方式。

图6-16

没有光照：勾选此选项后不显示灯光效果。

环境光照：勾选此选项后形成环境光。

高光：勾选此选项后产生高光效果。

形状：当投影方式为"区域"时显示该选项，用于设置灯光面片的形状，默认为矩形，如图6-17所示。系统还提供了其他8种样式，如图6-18所示。

图6-17 图6-18

衰减：设置灯光是否产生衰减，以及衰减的方式，如图6-19所示。该选项与"可见"选项卡中的参数相同。

图6-19

无：不产生衰减。

平方倒数（物理精度）：模拟现实世界的灯光衰减，如图6-20所示。这种衰减方法是日常制作中常用的衰减方法。

图6-20

线性：按照线性算法进行衰减，如图6-21所示。

图6-21

步幅：按照步幅算法进行衰减，如图6-22所示。

图6-22

倒数立方限制：按照倒数立方的算法进行衰减，如图6-23所示。

图6-23

半径衰减：当设置衰减方式后，会在灯光周围出现一个可控制的圈，如图6-24所示。半径衰减控制灯光中心到圈边缘的距离。

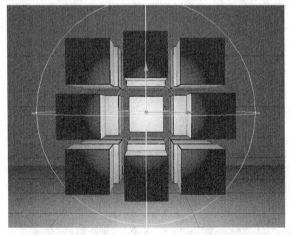

图6-24

采样精度：在"投影"选项卡中设置阴影采样的数值，数值越大，阴影噪点越少。

模式：设置灯光照射的对象，可以将不需要照射的物体排除在灯光以外。

用灯光制作展示灯光

场景文件	场景文件>CH06>01.c4d
实例文件	实例文件>CH06>课堂案例：用灯光制作展示灯光.c4d
视频名称	课堂案例：用灯光制作展示灯光.mp4
学习目标	掌握灯光工具的使用方法

本案例使用"灯光"工具 制作展示场景的灯光效果，如图6-25所示。

图6-25

01 打开本书学习资源中的"场景文件>CH06>01.c4d"文件，如图6-26所示。场景中已经建立好摄像机和材质，只需要添加灯光即可。

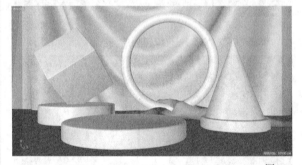

图6-26

02 在工具栏中单击"灯光"按钮 ，然后在场景右侧创建灯光，如图6-27所示。

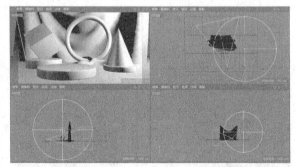

图6-27

03 选中上一步创建的灯光，然后在"常规"选项卡中设置"颜色"为白色，"强度"为100%，"投影"为"区域"，如图6-28所示。

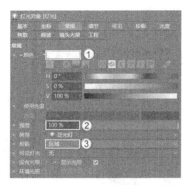

图6-28

　　读者在设置灯光颜色时，可按照自己的习惯选择颜色设置方式，书中的参数仅供参考。

04 在"细节"选项卡中设置"衰减"为"平方倒数（物理精度）"，最后设置"半径衰减"为1420cm，如图6-29所示。

图6-29

05 在摄像机视图中按快捷键Shift+R渲染视图，效果如图6-30所示。可以明显观察到画面亮度不够，需要增加灯光。

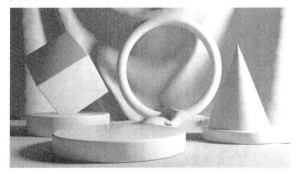

图6-30

06 选中创建的灯光，然后向左复制一份，位置如图6-31所示。

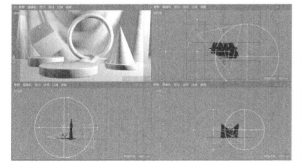

图6-31

07 选中复制的灯光，然后设置"强度"为60%，如图6-32所示。

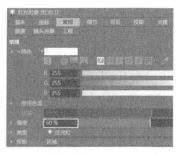

图6-32

08 进入摄像机视图，然后按快捷键Shift+R渲染视图，案例最终效果如图6-33所示。

图6-33

📎 **课堂练习**

用灯光制作环境光

场景文件	场景文件>CH06>02.c4d
实例文件	实例文件>CH06>课堂练习：用灯光制作环境光.c4d
视频名称	课堂练习：用灯光制作环境光.mp4
学习目标	掌握灯光工具的使用方法

　　本案例使用"灯光"工具💡创建场景的环境光，效果如图6-34所示。

图6-34

6.2.2 区域光

▶️ 演示视频052-区域光

　　"区域光" █ 区域光 可以理解为面光源或是体积光，该光源具有固定的形状，并有一定的方向性。默认为矩形，如图6-35所示。"区域光"的"属性"面板与"灯光"完全一致,这里不再赘述。

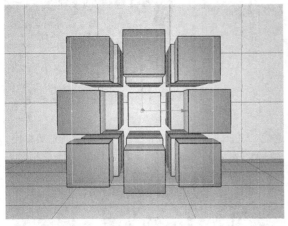

图6-35

💡 课堂案例

用区域光制作环境光

场景文件	场景文件>CH06>03.c4d
实例文件	实例文件>CH06>课堂案例:用区域光制作环境光.c4d
视频名称	课堂案例:用区域光制作环境光.mp4
学习目标	掌握区域光工具的使用方法

本案例使用"区域光"工具 ▢ 区域光 为一个简单的房间场景添加环境光,效果如图6-36所示。

图6-36

01 打开本书学习资源中的"场景文件>CH06>03.c4d"文件,如图6-37所示。场景内已经建立好了摄像机和材质,还需要为场景创建灯光。

图6-37

02 在工具栏中单击"区域光"按钮 ▢ 区域光,然后在场景中创建灯光,如图6-38所示。该灯光作为场景的主光源。

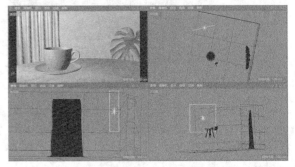

图6-38

03 选中上一步创建的灯光,然后在"常规"选项卡中设置灯光的"颜色"为白色,"投影"为"区域",如图6-39所示。

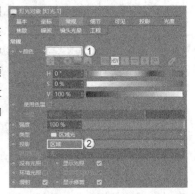

图6-39

04 在"细节"选项卡中设置"衰减"为"平方倒数(物理精度)",接着设置"半径衰减"为500cm,如图6-40所示。

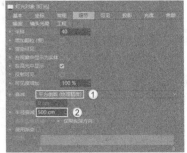

图6-40

05 进入摄像机视图,然后按快捷键Ctrl+R预览渲染效果,如图6-41所示。可以明显观察到杯子的左侧出现曝光现象。

图6-41

06 选中创建的区域光，然后设置"强度"为70％，如图6-42所示。

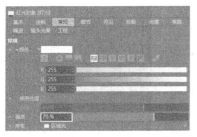

图6-42

07 在摄像机视图中按快捷键Shift＋R进行渲染，效果如图6-43所示。

图6-43

6.2.3 无限光

▶ 演示视频 053－无限光

"无限光" 是一种带有方向性的直线灯光，如图6-44所示。"无限光"的"属性"面板与"灯光"基本相同，这里着重讲解"细节"选项卡，如图6-45所示。

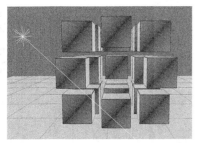

图6-44

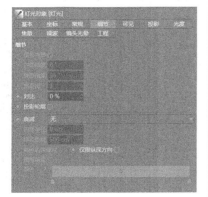

图6-45

对比： 设置灯光的照射范围，对比效果如图6-46所示。

100%

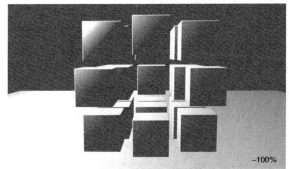

−100%

图6-46

衰减： 与前面所讲的灯光用法相同，只是在衰减区域上不一样，如图6-47所示。

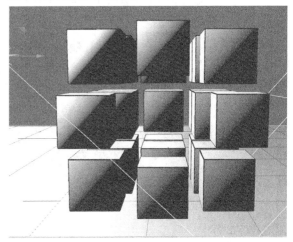

图6-47

▣ 课堂案例

用无限光制作阳光休息室

场景文件	场景文件>CH06>04.c4d
实例文件	实例文件>CH06>课堂案例：用无限光制作阳光休息室.c4d
视频名称	课堂案例：用无限光制作阳光休息室.mp4
学习目标	掌握无限光工具的使用方法

本案例使用"无限光"工具 制作出书房的阳光效果，如图6-48所示。

图6-48

01 打开本书学习资源中的"场景文件>CH06>04.c4d"文件，如图6-49所示。场景中已经建立好了摄像机和材质。

图6-49

02 在工具栏中单击"无限光"按钮 [图标]，然后在场景中创建灯光，如图6-50所示。

图6-50

> **技巧与提示**
>
> 无限光的方向需要靠"旋转"工具 [图标] 进行调节。

03 选择上一步创建的灯光，然后在"常规"选项卡中设置灯光的"颜色"为白色，"强度"为100%，"投影"为"区域"，如图6-51所示。

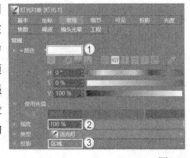

图6-51

04 在"细节"选项卡中设置"衰减"为"平方倒数（物理精度）"，"半径衰减"为500cm，如图6-52所示。

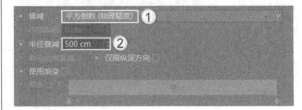

图6-52

05 在摄像机视图中按快捷键Ctrl + R预览渲染效果，如图6-53所示。观察渲染的效果，发现无限光的灯光没有照到屋内，被白色的平面挡住了。

图6-53

06 选中"无限光"，然后切换到"工程"选项卡，在"对象"中添加"平面.4"，如图6-54所示。这样就可以将白色的平面排除在无限光的照射范围外，渲染效果如图6-55所示。

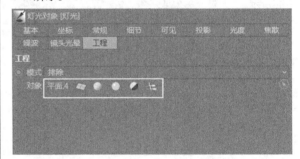

图6-54

图6-55

07 观察渲染效果，发现屋内的光线稍弱一些。使用"区域光"工具 区域光 在窗外创建灯光，如图6-56所示。

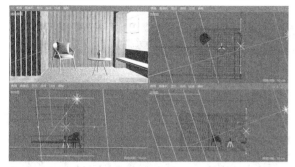

图6-56

08 选择上一步创建的灯光，然后在"常规"选项卡中设置灯光的"颜色"为白色，"强度"为80%，"投影"为"区域"，如图6-57所示。

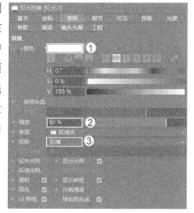

图6-57

09 在"细节"选项卡中设置"衰减"为"平方倒数（物理精度）"，"半径衰减"为220cm，如图6-58所示。

图6-58

10 在摄像机视图中按快捷键Ctrl + R预览渲染效果，如图6-59所示。

图6-59

6.2.4 日光

▶ 演示视频 054- 日光

"日光" 日光 是模拟太阳光的灯光，带有方向性，如图6-60所示。"日光"的"属性"面板类似于"无限光"和"灯光"，但多出了"太阳"选项卡，如图6-61所示。

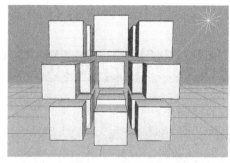

图6-60

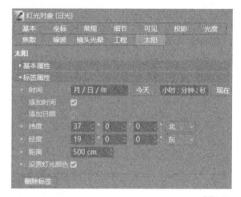

图6-61

时间： 设置太阳所在的时间。太阳随着时间的不同，所在位置、强度和颜色都会发生变化，对比效果如图6-62所示。

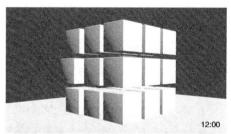

图6-62

纬度/经度： 设置太阳所在的位置。

距离： 设置太阳与地面之间的距离。

6.3 本章小结

本章主要讲解了Cinema 4D的灯光技术，包括常见的4种灯光工具，重点学习了"灯光""区域光""无限光"这3种灯光工具的用法。本章内容虽然较基础，但与后面的章节相联系，希望读者勤加练习。

6.4 课后习题

本节安排了两个课后习题供读者进行练习。这两个习题将本章学习的知识进行了综合运用。如果读者在练习时有疑问，可以一边观看教学视频，一边学习灯光技术。

课后习题：用灯光制作环境光

场景文件	场景文件>CH06>05.c4d
实例文件	实例文件>CH06>课后习题：用灯光制作环境光.c4d
视频名称	课后习题：用灯光制作环境光.mp4
学习目标	掌握灯光工具的使用方法

使用"灯光"工具  为一个简单的场景添加环境光，效果如图6-63所示。

图6-63

课后习题：用无限光制作走廊灯光

场景文件	场景文件>CH06>06.c4d
实例文件	实例文件>CH06>课后习题：用无限光制作走廊灯光.c4d
视频名称	课后习题：用无限光制作走廊灯光.mp4
学习目标	掌握无限光和区域光工具的使用方法

使用"无限光"工具 和"区域光"工具 制作走廊的灯光效果，如图6-64所示。

图6-64

CINEMA 4D

第 7 章

材质与纹理技术

本章主要讲解 Cinema 4D 的材质与纹理技术。使用 Cinema 4D 的材质编辑器可以模拟出现实生活中绝大多数的材质。

学习目标

◇ 了解材质的基本属性
◇ 掌握材质的创建与赋予方法
◇ 掌握材质编辑器的常用属性
◇ 了解材质编辑器自带纹理

7.1 材质的创建与赋予

▶ 演示视频 055- 材质的创建与赋予

创建材质、调整材质和赋予材质是为对象添加材质的顺序。本节将为读者讲解如何创建材质和赋予材质。

7.1.1 创建材质的方法

在Cinema 4D的"材质"面板中可以创建新的材质，如图7-1所示。创建材质的方法有以下5种。

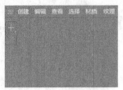

图7-1

第1种：执行"创建>新的默认材质"菜单命令，如图7-2所示。

图7-2

第2种：按快捷键Ctrl + N。

第3种：双击"材质"面板，将自动创建新的材质，如图7-3所示。

第4种：单击"材质"面板的"新的默认材质"按钮，就可以创建新材质，如图7-4所示。这种方法是S24版本新添加的，在以往的版本中没有。

图7-3　　　　　　　　　图7-4

第5种：执行"创建>材质"菜单命令或执行"创建>扩展"菜单命令，都可以在弹出的菜单中创建系统预置的材质，如图7-5和图7-6所示。

图7-5　　　　　　　　　图7-6

当创建了材质且没有将其赋予场景中的任何对象时，直接在"材质"面板中选中需要删除的材质，然后按Delete键删除即可。

当材质已经赋予场景中的对象时，在"对象"面板中单击材质的图标，然后按Delete键删除，如图7-7和图7-8所示。此时只是为对象移除了材质，但材质还存在于"材质"面板中，在材质面板中选中材质后按Delete键删除即可。

图7-7　　　　　　　　　图7-8

7.1.2 赋予材质的方法

可以将创建好的材质直接赋予需要的模型，具体方法有以下4种。

第1种：拖曳材质到视图窗口中的模型上，然后松开鼠标，材质便被成功赋予模型。

第2种：拖曳材质到"对象"面板的对象选项上，然后松开鼠标，材质便被成功赋予模型，如图7-9所示。

图7-9

第3种：使需要被赋予材质的模型处于选中状态，然后在材质图标上单击鼠标右键，在弹出的菜单中选择"应用"选项，如图7-10所示。

图7-10

第4种：选中场景中的对象和需要赋予的材质，然后单击"材质"面板中的"应用"按钮，如图7-11所示。这种方法是S24中新添加的，以往的版本中没有此方法。

图7-11

知识点：保存和加载材质的方法

可以将修改好参数的材质保存起来，以便以后使用。保存材质的方法很简单，选中需要保存的材质，然后执行"创建>另存材质…"菜单命令，在弹出的窗口中设置路径和材质名称然后保存即可，如图7-12所示。

加载材质是将设置好的材质直接加载调用，省去重新设置材质的过程，极大地提升了制作效率。加载材质的方法是执行"创建>加载材质…"菜单命令，然后在弹出的窗口中选择需要的材质即可，如图7-13所示。

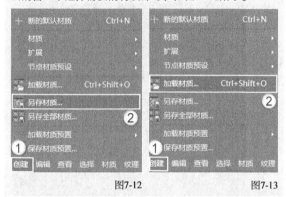

图7-12　　　　　　图7-13

7.2 材质编辑器

▶ 演示视频 056- 材质编辑器

双击新建的空白材质图标，会弹出"材质编辑器"面板，如图7-14所示。"材质编辑器"面板是对材质属性进行调节的面板，包含"颜色""漫射""发光""透明"等12种属性。

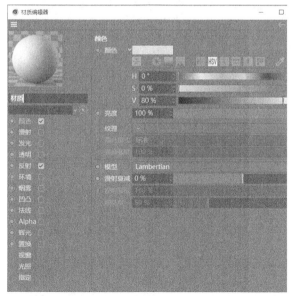

图7-14

本节工具介绍

工具名称	工具作用	重要程度
颜色	设置材质的固有色和纹理	高
发光	设置材质的自发光颜色和纹理	高
透明	设置材质的透明属性	高
反射	设置材质的反射属性	高
GGX	设置材质的GGX反射	高
凹凸	设置材质的凹凸纹理	中
Alpha	设置材质的镂空纹理	中
辉光	设置材质的辉光属性	中
置换	设置材质的凹凸纹理	低

7.2.1 颜色

"颜色"选项不仅可以调整材质的固有色，还可以为材质添加贴图纹理，如图7-15所示。

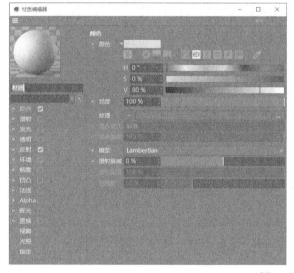

图7-15

颜色：材质显示的固有色，可以通过"色轮""光谱""RGB"和"HSV"等方式进行调整。

亮度：设置材质颜色显示的程度。当设置为0%时为纯黑色，为100%时为材质的颜色，超过100%时为自发光效果，如图7-16所示。

图7-16

纹理：为材质加载内置纹理或外部贴图的通道。

混合模式：当"纹理"通道中加载了贴图时会自动激活，用于设置贴图与颜色的混合模式，类似于Photoshop中的图层混合模式。

标准：完全显示"纹理"通道中的贴图，如图7-17所示。

添加：将颜色与"纹理"通道进行叠加，如图7-18所示。

图7-17　　　　　　　　　　　　图7-18

减去：将颜色与"纹理"通道相减，如图7-19所示。

正片叠底：将颜色与"纹理"通道进行正片叠底，如图7-20所示。

图7-19　　　　　　　　　　　　图7-20

混合强度：设置颜色与"纹理"通道的混合量。

■ 知识点：材质的基本属性

1.材质的颜色

颜色是光的一种特性，人们通常看到的颜色是光作用于眼睛的结果。当光线照射到物体上时，物体会吸收一些光线，同时也会漫反射一些光线，这些漫反射出来的光线到达人们的眼睛之后，就决定物体看起来是什么颜色，这种颜色常被称为"固有色"。被漫反射出来的光线除了会影响人们的视觉之外，还会影响它周围的物体，这就是"光能传递"。当然，影响的范围不会像人们的视觉范围那么大，它遵循"光能衰减"原理。图7-21所示是材质颜色与阳光颜色共同影响的效果，图中的明亮区域，不仅反射了阳光的黄色，还反射了草地的绿色，所以其看起来呈现黄绿色。

图7-21

2.光滑与反射

一个物体是否有光滑的表面，往往不需要用手去触摸，视觉就会给出答案。光滑的物体总会出现明显的高光，例如玻璃、瓷器和金属等。而没有明显高光的物体，通常都是比较粗糙的，例如砖头、瓦片和泥土等。

这种差异在自然界无处不在，它依靠光线的反射作用，但和"固有色"的漫反射方式不同。光滑物体有一种类似于"镜子"的效果，在物体的表面还没有光滑到可以镜像反射出周围物体的时候，它对光源的位置和颜色是非常敏感的，所以光滑的物体表面只"镜射"出光源，这就是物体表面的高光区，它的颜色是由照射它的光源的颜色决定的（金属除外）。随着物体表面光滑度的提高，对光的反射会越来越清晰，即在材质编辑中，越是光滑的物体，高光范围越小，强度越高。

图7-22所示的是洗手盆从表面可以看到范围很小的高光，这是因为洁具表面比较光滑。图7-23所示的蛋糕表面没有一点光泽，光照射到蛋糕表面，发生了漫反射，反射光线弹向四面八方，所以就没有了高光。

图7-22　　　　　　　　　　　　图7-23

3.透明与折射

自然界的大多数物体通常会遮挡光线，当光线可以自由穿过物体时，就说明这个物体是透明的。这里所说的"穿过"，不单指光源的光线穿过透明物体，还指透明物体背后的物体反射出来的光线也要再次穿过透明物体，这就使得大家可以看见透明物体背后的东西。

由于透明物体的密度不同，光线射入后会发生偏转现象，也就是折射，例如插进水里的筷子看起来是弯的。不同透明物质的折射率也不一样，即使是同一种透明的物质，温度也会影响其折射率，例如用眼睛穿过火焰上方的热空气观察对面的景象，会发现景象有明显的扭曲现象，这是因为温度改变了空气的密度，不同密度的空气产生了不同的折射率。正确使用折射率是真实再现透明物体的重要手段。

在自然界中还存在另一种形式的透明，在三维软件的材质编辑中把这种属性称为"半透明"，例如纸张、塑料、植物的叶子、蜡烛等。它们原本不是透明的物体，但在强光的照射下，背光部分会出现"透光"现象。

图7-24所示是半透明的树叶。

图7-24

7.2.2 发光

"发光"选项用于设置材质的自发光效果，如图7-25所示。

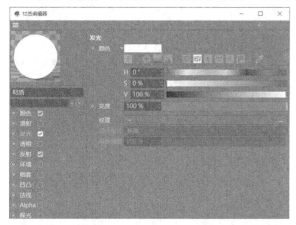

图7-25

颜色：设置材质的自发光颜色。

亮度：设置材质的自发光亮度。

纹理：用加载的贴图显示自发光效果，如图7-26所示。

图7-26

7.2.3 透明

"透明"选项用于设置材质的透明和半透明效果，如图7-27所示。

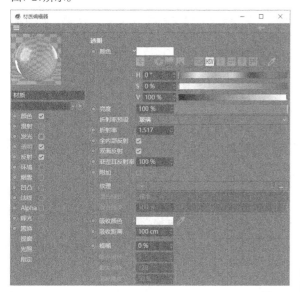

图7-27

颜色：设置材质的折射颜色。折射的颜色越接近白色，材质越透明，如图7-28所示。

图7-28

亮度：设置材质的透明程度。

折射率预设：系统提供了一些常见材质的折射率，如图7-29所示。通过预设，可以快速设定材质的折射效果。

自定义	珍珠
啤酒	塑料（PET）
钻石	有机玻璃
翡翠	红宝石
乙醇	蓝宝石
玻璃	水
玉石	水（冰）
牛奶	威士忌
油（植物）	

图7-29

折射率：通过输入数值设置材质的折射率。

菲涅耳反射率：材质产生菲涅耳反射的程度，默认为100%。

纹理：通过加载贴图控制材质的折射效果，如图7-30所示。

图7-30

> 📝 **技巧与提示**
>
> "纹理"通道用于识别贴图的灰度，按照"黑透白不透"的原理呈现材质的透明效果。

吸收颜色：设置折射产生的颜色，类似于VRay中的"烟雾颜色"。

吸收距离：设置折射颜色的浓度，对比效果如图7-31所示。

图7-31

模糊：控制折射的模糊程度，数值越大，材质越模糊，对比效果如图7-32所示。

图7-32

7.2.4 反射

"反射"选项用于设置材质的反射程度和反射效果。默认情况下，"反射"面板中显示"默认高光"的相关参数，如图7-33所示。

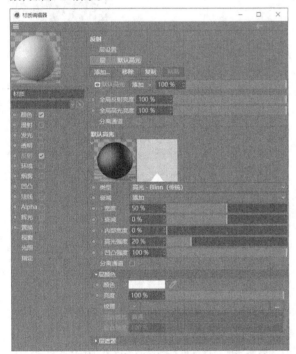

图7-33

类型：设置材质的高光类型，如图7-34所示。

图7-34

衰减：设置材质反射衰减效果，包括"添加"和"金属"两个选项。

宽度：控制高光的范围，对比效果如图7-35所示。

图7-35

高光强度：设置材质高光的强度，对比效果如图7-36所示。

图7-36

层颜色：设置材质反射的颜色，默认为白色。

7.2.5 GGX

GGX是一种反射类型，可以模拟金属类或非金属类的众多材质效果，例如金属、塑料和水等材质，如图7-37所示。

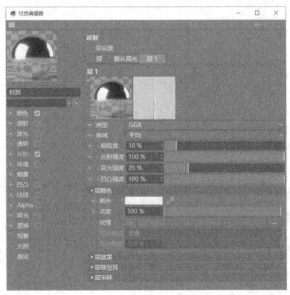

图7-37

GGX并不是默认的反射类型，需要在"反射"选项中进行添加。在"反射"选项中单击"层"选项卡，然后单击"添加"按钮 添加... ，在下拉列表中选择"GGX"选项，如图7-38所示。

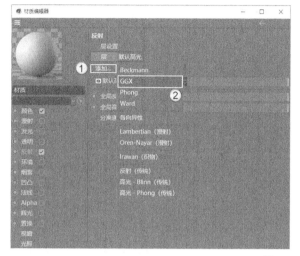

图7-38

除了添加GGX外，也可以在"默认高光"中将"类型"切换为GGX，如图7-39所示。

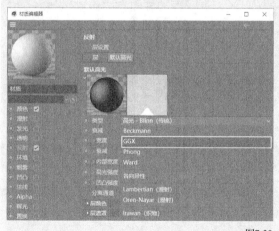

图7-39

粗糙度：设置材质的粗糙程度，数值越大，材质越粗糙，对比效果如图7-40所示。

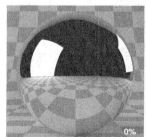

图7-40

反射强度：设置材质的反射强度，数值越小，材质越接近固有色，对比效果如图7-41所示。

图7-41

高光强度：设置材质的高光范围，如图7-42所示。只有设置了"粗糙度"的数值，该参数才有效。

图7-42

层颜色：设置材质反射的颜色，也可以添加贴图，如图7-43所示。

图7-43

当加载贴图后，系统会按照贴图的灰度计算反射的强度。贴图的颜色越白，反射越强；贴图的颜色越黑，反射越弱。

层菲涅耳：设置材质的菲涅耳属性，有"无""绝缘体""导体"3种类型，如图7-44所示。现实生活中的材质基本上都有菲涅耳效果，因此在设置材质时都会设置"菲涅耳"的类型。

图7-44

预置：设置"菲涅耳"类型为"绝缘体"或"导体"时激活此选项。系统提供了不同类型材质的菲涅耳折射率预置，如图7-45所示。

绝缘体   导体

图7-45

强度：设置菲涅耳效果的强度。

折射率（IOR）：设置材质的菲涅耳折射，当选择预置效果时，可以不设置此选项。

反向：勾选此选项后，菲涅耳效果也会反向。

采样细分：设置材质的细分，数值越大，材质越细腻，对比效果如图7-46所示。

采样细分：4   采样细分：8

图7-46

■ 知识点：菲涅耳反射

菲涅耳反射是指反射强度与视点角度之间的关系。

简单来讲，菲涅耳反射指的是当视线垂直于物体表面时，反射较弱，当视线不垂直于物体表面时，夹角越小，反射越强烈的反射效果。自然界的对象几乎都存在菲涅耳反射，金属也不例外，只是它的这种现象很弱。

菲涅耳反射还有一种特性：物体表面的反射模糊也随着角度的变化而变化，视线和物体表面法线的夹角越大，此处的反射模糊就会越少，也就会越清晰。而在实际制作材质时，合理选择"菲涅耳"的类型可以起到使材质效果更加真实的作用。

7.2.6 凹凸

"凹凸"选项用于设置材质的"凹凸纹理"通道，如图7-47所示。

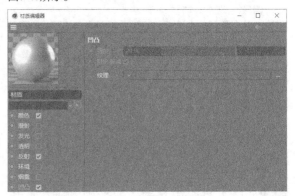

图7-47

纹理：加载材质的凹凸纹理贴图。需要注意的是，此通道只识别贴图的灰度信息。

强度：设置凹凸纹理的强度，如图7-48所示。在"纹理"通道中加载贴图后，此选项会被激活。

20%   50%

图7-48

7.2.7 Alpha

Alpha选项用于制作材质的镂空效果，与"透明"选项不同，镂空不会产生折射，如图7-49所示。

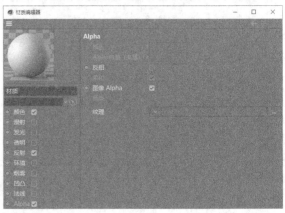

图7-49

纹理：在通道中加载Alpha贴图，通道会按照贴图的灰度形成镂空效果，如图7-50所示。

图7-50

> 📝 **技巧与提示**
>
> 通道识别贴图的灰度信息时，按照"黑透白不透"的原则生成镂空效果。

反相：勾选该选项后，会将贴图的灰度信息反转，形成相反的镂空效果，如图7-51所示。

柔和：默认勾选此选项，作用是将镂空的效果柔和过渡。如果不勾选此选项，镂空的边缘会产生很多锯齿，如图7-52所示。

图7-51　　　　　　　图7-52

7.2.8 辉光

"辉光"选项用于为材质添加发光效果，当材质勾选了"自发光"选项后，可以添加该选项，如图7-53所示。

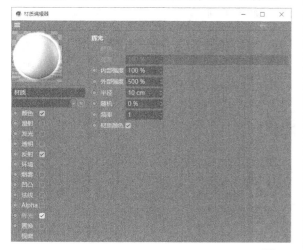

图7-53

内部强度：设置辉光在材质表面的强度。

外部强度：设置辉光在材质外面的强度。

半径：设置辉光发射的距离。

随机：设置辉光发射距离的随机效果。

材质颜色：勾选该选项后，辉光颜色与材质颜色相似。取消勾选该选项后，同时激活"颜色"和"亮度"选项，以设置辉光的任意颜色和亮度。

7.2.9 置换

"置换"选项与"凹凸"选项类似，用于在材质上形成凹凸纹理。不同的是"置换"会直接改变模型的形状，而"凹凸"只是形成凹凸的视觉效果，如图7-54所示。

图7-54

🔲 知识点：系统预置材质

除了手动调整参数以形成不同的材质效果外，Cinema 4D还提供了一些预置的材质效果。按快捷键Shift＋F8打开"资产管理器"面板，"Materials"文件夹中罗列了27种常见类型的材质和贴图，如图7-55所示。

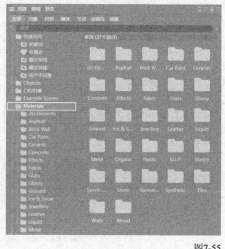

图7-55

进入每种类型的材质文件夹，会显示该种类型的材质效果，如图7-56所示。双击材质，会从云端下载该材质到本机中，再将材质赋予模型即可。

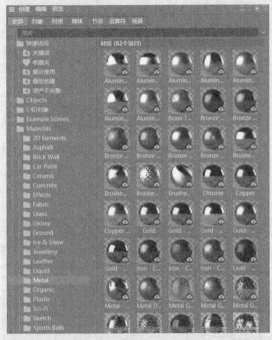

图7-56

需要注意的是，S24版本的"资产管理器"发生了很大的改变，与旧版本有一定区别。旧版本的预置文件必须在"在线更新"中或通过网络下载后安装到本机才能在"资产管理器"中找到相应的预置文件。

课堂案例

制作纯色塑料材质

场景文件	场景文件>CH07>01.c4d
实例文件	实例文件>CH07>课堂案例：制作纯色塑料材质.c4d
视频名称	课堂案例：制作纯色塑料材质.mp4
学习目标	练习纯色塑料类材质的制作

本案例需要为一个简单的场景制作纯色的材质。材质接近塑料效果，带有一定的光泽和反射，是常见的材质类型，如图7-57所示。

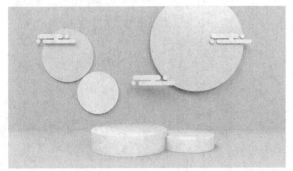

图7-57

01 打开本书学习资源中的"场景文件>CH07>01.c4d"文件，如图7-58所示。场景内已经建立好了摄像机和灯光，需要为场景赋予材质。

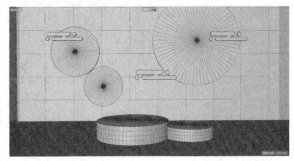

图7-58

技巧与提示

在"工程"中设置"默认对象颜色"选项为"60%灰色"，模型颜色为灰白色，这样便于观察灯光效果。

02 按快捷键Ctrl + R渲染效果，效果如图7-59所示。这是没有设置材质时的白模效果。

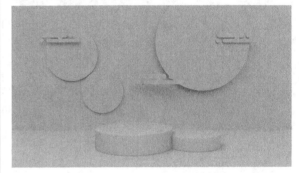

图7-59

03 制作背景材质。双击"材质"面板创建一个空白材质，然后双击创建的材质打开"材质编辑器"面板，选择"颜色"选项，设置"颜色"为蓝灰色，如图7-60所示。材质效果如图7-61所示。

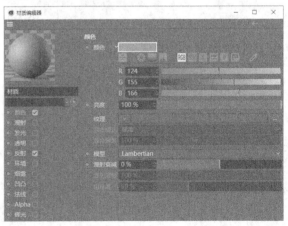

图7-60

图7-61

04 将设置好的材质赋予背景的平面和地面，效果如图7-62所示。

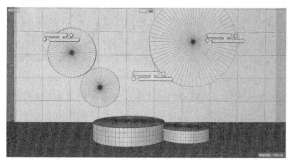

图7-62

05 下面制作浅色塑料材质。创建一个新材质，然后双击该材质进入"材质编辑器"面板，选择"颜色"选项，设置"颜色"为浅蓝色，如图7-63所示。

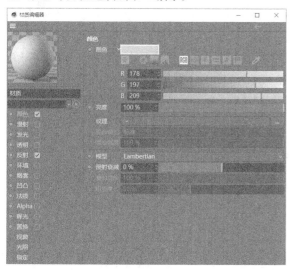

图7-63

06 选择"反射"选项，添加GGX，然后设置"粗糙度"为10%，"菲涅耳"为"绝缘体"，"预置"为"聚酯"，如图7-64所示。材质效果如图7-65所示。

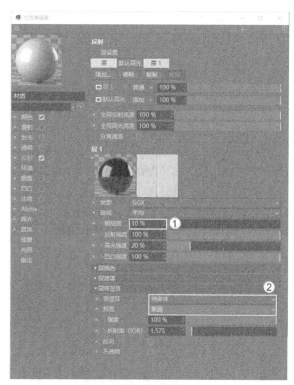

图7-64

图7-65

07 将材质赋予场景中的模型，效果如图7-66所示。

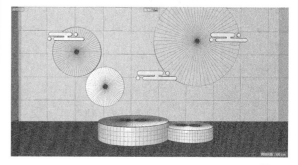

图7-66

08 下面制作深色塑料材质。将浅色塑料材质复制一份，然后修改"颜色"为深蓝色，如图7-67所示。材质效果如图7-68所示。

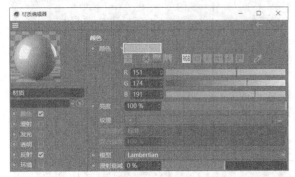

图7-67

图7-68

09 将材质赋予场景中剩余的模型，效果如图7-69所示。

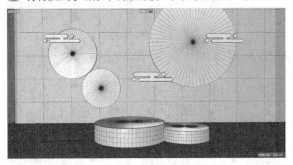

图7-69

10 按快捷键Shift+R渲染场景，最终效果如图7-70所示。

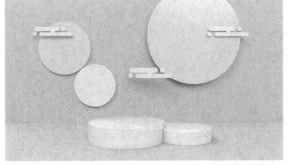

图7-70

🔲 课堂案例

制作金属质感海报

场景文件	场景文件>CH07>02.c4d
实例文件	实例文件>CH07>课堂案例：制作金属质感海报.c4d
视频名称	课堂案例：制作金属质感海报.mp4
学习目标	练习金属类材质的制作

　　本案例需要制作一张金属质感的海报。除了运用金属材质外，还需要运用之前学习的纯色材质，效果如图7-71所示。

图7-71

01 打开本书学习资源中的"场景文件>CH07>02.c4d"文件，如图7-72所示。场景中已经建立好了摄像机和灯光。

图7-72

02 按快捷键Ctrl + R渲染出白模效果，如图7-73所示。

图7-73

03 新建一个默认材质，然后设置"颜色"为墨蓝色，如图7-74所示。材质效果如图7-75所示。

图7-74

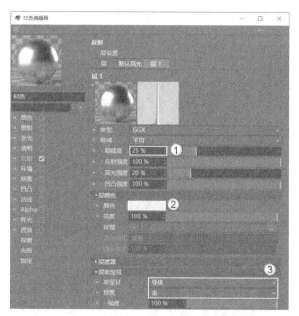

图7-77

图7-75

04 将材质赋予背景的平面模型，效果如图7-76所示。

图7-76

05 新建一个默认材质，然后取消勾选"颜色"选项，并在"反射"选项中添加GGX，设置"粗糙度"为25%，在"层颜色"中设置"颜色"为浅黄色，"菲涅耳"为"导体"，"预置"为"金"，如图7-77所示。材质效果如图7-78所示。

图7-78

技巧与提示

添加"层颜色"后，会让材质的颜色偏黄，更能体现黄金的质感。

06 将材质赋予场景中的雪花模型和边框，效果如图7-79所示。

图7-79

07 将金属材质复制一份，然后设置"粗糙度"为30%，"预置"为"银"，并关闭"层颜色"，如图7-80所示。材质效果如图7-81所示。

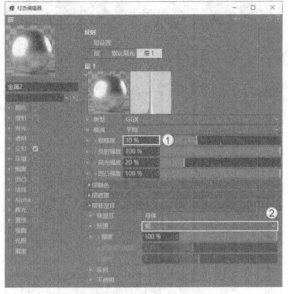

图7-80

图7-81

08 将材质赋予相应的模型，然后按快捷键Ctrl + R渲染场景，效果如图7-82所示。

图7-82

09 将"金属1"材质再复制一份，然后设置"粗糙度"为10%，并关闭"层颜色"，如图7-83所示。材质效果如图7-84所示。

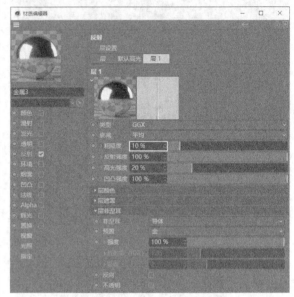

图7-83

图7-84

10 将材质赋予剩余模型，效果如图7-85所示。

图7-85

11 按快捷键Shift+R渲染场景，案例最终效果如图7-86所示。

图7-86

课堂案例

制作海水材质

场景文件	场景文件>CH07>03.c4d
实例文件	实例文件>CH07>课堂案例：制作海水材质.c4d
视频名称	课堂案例：制作海水材质.mp4
学习目标	练习水材质的制作

本案例需要制作海水的材质和雪山的材质，效果如图7-87所示。

图7-87

① 打开本书学习资源中的"场景文件>CH07>03.c4d"文件，如图7-88所示。场景中已经建立好了摄像机和灯光。

图7-88

② 新建一个材质，勾选"透明"选项，然后设置"折射率预设"为"水"，"吸收颜色"为浅蓝色，"吸收距离"为50cm，如图7-89所示。

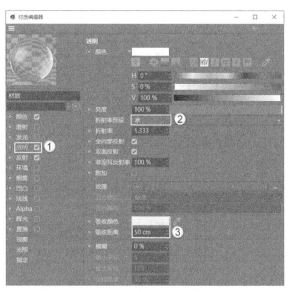

图7-89

③ 在"反射"中添加GGX，然后设置"粗糙度"为1%，"菲涅耳"为"绝缘体"，"预置"为"水"，如图7-90所示。材质效果如图7-91所示。

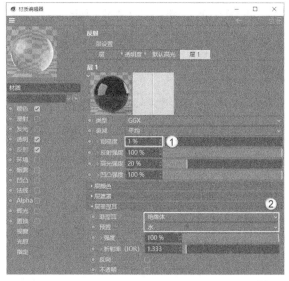

图7-90

图7-91

04 将材质赋予模拟海水的平面模型，效果如图7-92所示。

图7-92

05 新建一个默认的白色材质，然后将其赋予雪山模型，效果如图7-93所示。

图7-93

06 按快捷键Shift+R渲染场景，最终效果如图7-94所示。

图7-94

课堂练习

制作创意空间材质

场景文件	场景文件>CH07>04.c4d
实例文件	实例文件>CH07>课堂练习：制作创意空间材质.c4d
视频名称	课堂练习：制作创意空间材质.mp4
学习目标	练习水材质和金属材质的制作

本案例需要为一个创意空间添加金属材质和水材质，效果如图7-95所示。

图7-95

7.3 Cinema 4D的纹理贴图

演示视频 057- Cinema 4D 的纹理贴图

Cinema 4D自带一些纹理贴图，可以方便我们在制作时直接调取使用。单击"纹理"通道后的箭头按钮，会弹出下拉列表，里面预置了很多纹理贴图，如图7-96所示。

图7-96

本节工具介绍

工具名称	工具作用	重要程度
噪波	模拟凹凸颗粒纹理	高
渐变	模拟颜色渐变的效果	高
菲涅耳（Fresnel）	模拟菲涅耳反射效果	高
图层	类似于Photoshop的图层属性	中
效果	产生不同的颜色和纹理	高
表面	产生不同的纹理效果	高

7.3.1 噪波

"噪波"贴图常用于模拟凹凸颗粒、水波纹和杂色等效果，在不同通道中有不同的用途，常用于"凹凸纹理"通道，如图7-97所示。

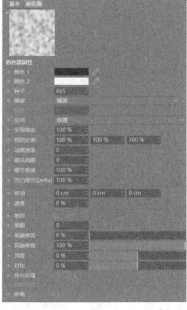

图7-97

技巧与提示

双击加载的"噪波"预览图会进入"着色器"选项卡，可以在该选项卡中修改噪波的相关属性。

颜色1/颜色2：设置噪波的两种颜色，默认为黑和白。

种子：随机显示不同的噪波分布效果。

噪波：内置多种噪波显示类型，如图7-98所示。

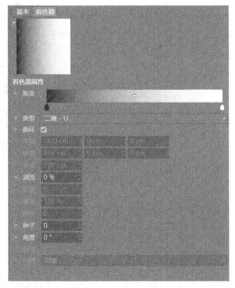

图7-98

全局缩放：设置噪点的大小。

> **技巧与提示**
>
> 如果要删除加载的贴图，单击"纹理"通道后的箭头按钮▇▇，然后在下拉列表中选择"清除"选项即可。

7.3.2 渐变

"渐变"贴图用于模拟颜色渐变的效果，如花瓣、火焰等，如图7-99所示。

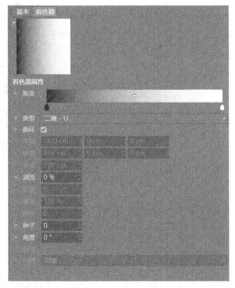

图7-99

渐变：设置渐变的颜色，单击下方的节点按钮可以设置渐变的颜色，在渐变色条上单击可以添加节点。

类型：设置渐变的方向，如图7-100所示。

二维 - U	二维 - 星形
二维 - V	二维 - 四角
二维 - 斜向	三维 - 线性
二维 - 锥形	三维 - 柱面
二维 - 圆形	三维 - 球面
二维 - 方形	

图7-100

湍流：形成随机的颜色过渡模式，如图7-101所示。

图7-101

角度：设置渐变的角度，对比效果如图7-102所示。

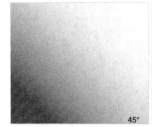

图7-102

> **课堂案例**
>
> **制作渐变色冰激凌**
>
> | | |
> |---|---|
> | 场景文件 | 场景文件>CH07>05.c4d |
> | 实例文件 | 实例文件>CH07>课堂案例：制作渐变色冰激凌.c4d |
> | 视频名称 | 课堂案例：制作渐变色冰激凌.mp4 |
> | 学习目标 | 练习渐变贴图的使用 |

本案例需要使用"渐变"贴图制作冰激凌场景的材质，效果如图7-103所示。

图7-103

01 打开本书学习资源文件"场景文件>CH07>05.c4d"，如图7-104所示。

图7-104

⓪2 新建一个默认材质，然后在"颜色"的"纹理"通道中加载"渐变"贴图，如图7-105所示。

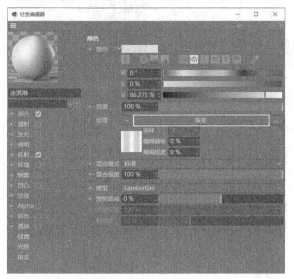

图7-105

⓪3 在"渐变"贴图中设置"渐变"的颜色为粉白相间，"类型"为"二维-U"，如图7-106所示。

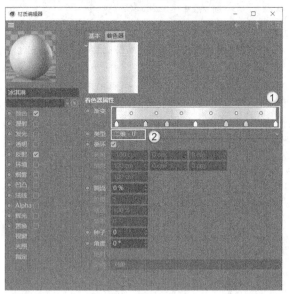

图7-106

> 📝 技巧与提示
>
> "渐变"的颜色仅供参考，读者可按照自己的喜好进行设置。

⓪4 在"反射"中添加GGX，然后设置"粗糙度"为25%，"反射强度"为80%，"菲涅耳"为"绝缘体"，"预置"为"牛奶"，如图7-107所示。材质效果如图7-108所示。

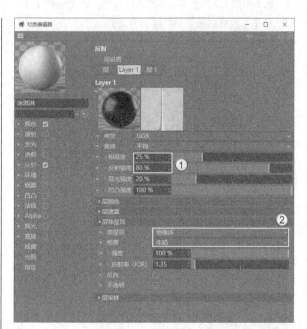

图7-107

图7-108

⓪5 将材质赋予冰激凌模型，效果如图7-109所示。

图7-109

⓪6 新建一个默认材质，在"颜色"中设置"颜色"为咖啡色，如图7-110所示。

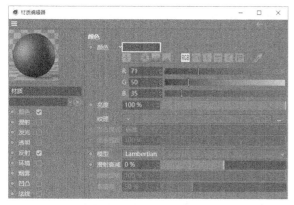

图7-110

⑦ 在"反射"中添加GGX，然后设置"粗糙度"为20%，"反射强度"为80%，"菲涅耳"为"绝缘体"，"预置"为"牛奶"，如图7-111所示。材质效果如图7-112所示。

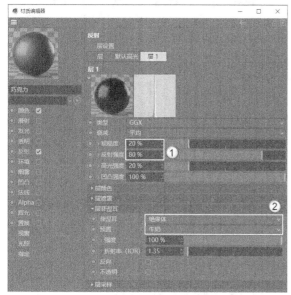

图7-111

图7-112

⑧ 将材质赋予模型，效果如图7-113所示。

图7-113

⑨ 新建一个默认材质，然后在"颜色"的"纹理"通道中添加"渐变"贴图，如图7-114所示。

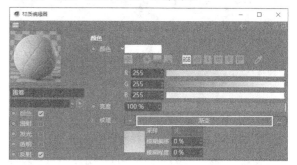

图7-114

⑩ 在"渐变"贴图中设置"渐变"颜色为深黄色到浅黄色，"类型"为"二维-V"，"角度"为180°，如图7-115所示。

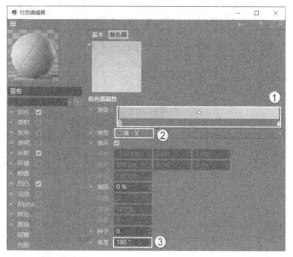

图7-115

📝 技巧与提示

如果将"渐变"颜色设置为浅黄色到深黄色，"角度"则保持0°即可。"渐变"的颜色读者可参考现实生活中蛋卷的颜色设置，这里不做强制规定。

⑪ 在"反射"中添加GGX，然后设置"粗糙度"为30%，"反射强度"为60%，"高光强度"为4%，"菲涅耳"为"绝缘体"，"预置"为"自定义"，如图7-116所示。

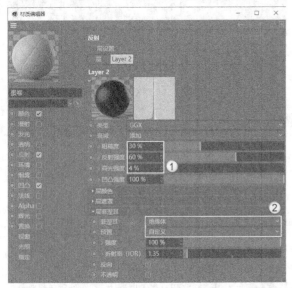

图7-116

⑫ 在"凹凸"的"纹理"通道中加载学习资源文件"实例文件>CH07>课堂案例：制作冰激凌>tex>凹凸.jpg"，然后设置"强度"为20%，如图7-117所示。材质效果如图7-118所示。

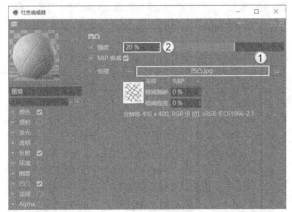

图7-117

图7-118

⑬ 将材质赋予蛋卷模型，效果如图7-119所示。

图7-119

⑭ 将冰激凌的材质复制4份，然后去掉"渐变"贴图并修改颜色，生成4个不同颜色的材质，如图7-120所示。

图7-120

⑮ 将材质赋予巧克力上方的模型，效果如图7-121所示。

图7-121

⑯ 新建一个默认材质，然后在"颜色"的"纹理"通道中加载"渐变"贴图，如图7-122所示。

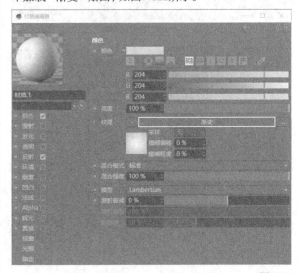

图7-122

⓱ 在"渐变"贴图中设置"渐变"颜色为浅蓝色到深蓝色，"类型"为"二维-圆形"，如图7-123所示。材质效果如图7-124所示。

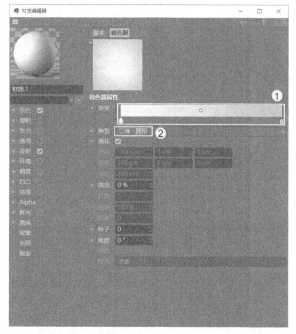

图7-123

图7-124

⓲ 将材质赋予地板和背景模型，效果如图7-125所示。

图7-125

⓳ 在"对象"面板中选中"地板"后的材质标签，然后在下方设置"投射"为"前沿"，如图7-126所示。更改后的效果如图7-127所示。

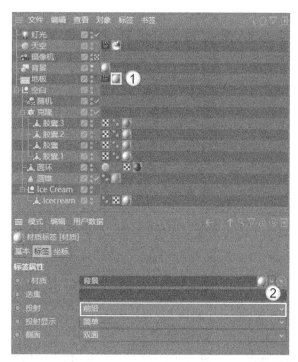

图7-126

图7-127

⓴ 按快捷键Shift+R渲染场景，最终效果如图7-128所示。

图7-128

7.3.3 菲涅耳（Fresnel）

"菲涅耳（Fresnel）"是模拟菲涅耳反射效果的贴图，如图7-129所示。

图7-129

渲染: 设置菲涅耳效果的类型,如图7-130所示。

图7-130

渐变: 设置菲涅耳效果的颜色。

物理: 勾选此选项后激活"折射率(IOR)""预置""反相"选项。

课堂案例

制作绒毛小球

场景文件	场景文件>CH07>06.c4d
实例文件	实例文件>CH07>课堂案例:制作绒毛小球.c4d
视频名称	课堂案例:制作绒毛小球.mp4
学习目标	练习菲涅耳(Fresnel)贴图的使用

本案例使用"菲涅耳(Fresnel)"贴图模拟绒毛质感的小球,效果如图7-131所示。

图7-131

01 打开本书学习资源文件"场景文件>CH07>06.c4d",如图7-132所示。

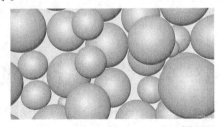

图7-132

02 新建一个默认材质,然后在"颜色"的"纹理"通道中加载"菲涅耳(Fresnel)"贴图,如图7-133所示。

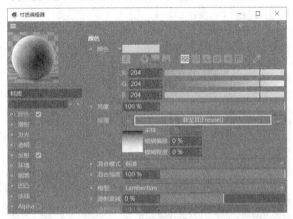

图7-133

03 在"菲涅耳(Fresnel)"贴图中,设置"渐变"为浅蓝色到深蓝色,如图7-134所示。

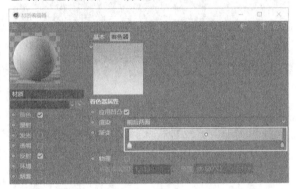

图7-134

04 切换到"反射"选项,在"层颜色"的"纹理"通道中加载"菲涅耳(Fresnel)"贴图,如图7-135所示。

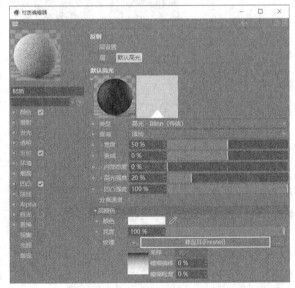

图7-135

05 在"凹凸"的"纹理"通道中加载"噪波"贴图,然后设置"强度"为50%,如图7-136所示。

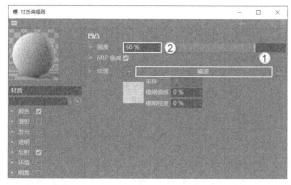

图7-136

06 在"噪波"贴图中设置"全局缩放"为2%,如图7-137所示。材质效果如图7-138所示。

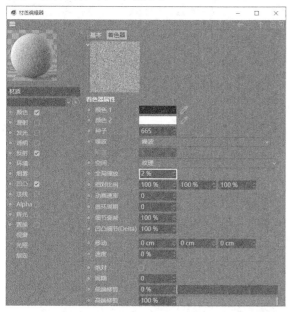

图7-137

图7-138

技巧与提示

如果想更加真实地模拟绒毛质感,需要学习完"第13章 毛发技术"后用毛发进行模拟。

07 将材质赋予小球对象,效果如图7-139所示。

图7-139

08 将材质复制3份,然后分别调整每份材质的颜色,其余参数不变,效果如图7-140所示。

图7-140

09 新建一个黑色的塑料材质并将其赋予背景模型,效果如图7-141所示。

图7-141

技巧与提示

黑色塑料材质的创建较为简单,这里不详细描述。

10 按快捷键Shift+R渲染场景,案例最终效果如图7-142所示。

图7-142

7.3.4 图层

"图层"贴图类似于Photoshop的图层属性,在图层"属性"面板中可以对图层进行编组、加载图像、添加着色器及效果等操作,如图7-143所示。"图层"可以实现多种材质的混合效果,适用于模拟复杂的材质。

图7-143

图像…:单击该按钮后,会弹出对话框,方便加载外部贴图。

着色器…:单击该按钮后,会弹出系统默认的纹理贴图选项。

效果…:单击该按钮后,会弹出菜单,可以在其中选择不同的效果选项,如图7-144所示。

图7-144

文件夹:单击该按钮,可以将之前加载的图层进行编组,方便后续编辑管理,如图7-145所示。

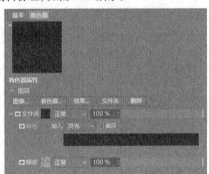

图7-145

删除:单击该按钮后,会删除选中的效果。

7.3.5 效果

"效果"贴图中包含多种预置贴图,用户可以快速调取贴图来实现需要的效果,如图7-146所示。

图7-146

光谱:多种颜色形成的渐变,如图7-147所示。

环境吸收:类似于VRay的污垢贴图,让模型在渲染时,阴影处更加明显。

衰减:用于制作带有颜色渐变的材质,如图7-148所示。

图7-147　　　　　　　　图7-148

7.3.6 表面

"表面"贴图拥有许多花纹纹理,能形成丰富的贴图效果,如图7-149所示。

图7-149

云:形成云朵效果,颜色可更改,如图7-150所示。

公式:形成波浪状效果,如图7-151所示。

图7-150　　　　　　　　图7-151

大理石:形成大理石花纹效果,如图7-152所示。

平铺:形成网格状贴图,常用于制作瓷砖和地板,如图7-153所示。

图7-152　　　　　　　　图7-153

星空：形成星空的效果，如图7-154所示。

木材：形成木材的花纹纹理，如图7-155所示。

图7-154　　　　　　　　　　图7-155

棋盘：形成黑白相间的方格纹理，如图7-156所示。

水面：用于制作水面的波纹效果，如图7-157所示。

图7-156　　　　　　　　　　图7-157

砖块：形成砖块效果，常用于制作墙面和地面，如图7-158所示。

路面铺装：形成石块拼接效果，常用于制作地面，如图7-159所示。

图7-158　　　　　　　　　　图7-159

铁锈：形成金属锈斑效果，如图7-160所示。

图7-160

知识点：Cinema 4D的贴图纹理坐标和UV拆解

将材质赋予模型后，在"对象"面板上就会显示材质的图标，单击这个图标，下方的"属性"面板会切换到该材质的"纹理标签"属性，如图7-161和图7-162所示。

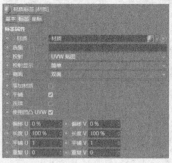 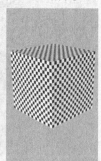

图7-161　　　　　　　　　　图7-162

投射：提供了贴图在模型上的显示方式，如图7-163所示。投射效果如图7-164所示。

图7-163

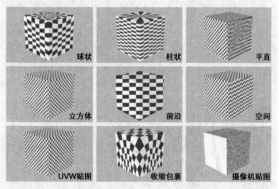

图7-164

偏移：设置贴图在模型上的位置。"偏移U"为横向移动，"偏移V"为纵向移动。

平铺：设置贴图在模型上的重复度。"平铺U"为横向重复，"平铺V"为纵向重复，如图7-165所示。

图7-165

贴图坐标只能给相对规则的物体添加贴图，如果遇到较为复杂的物体，就需要拆解UV后添加贴图。在"界面"中切换到BP-UV Edit，即UV编辑界面，如图7-166所示。在这个界面中可以自动快速拆解模型的UV，也可以手动渐进式拆解UV。需要注意的是，待拆解UV的模型必须为可编辑对象，参数对象无法激活相关按钮。

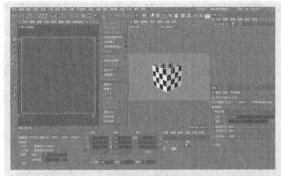

图7-166

UV拆解…：单击该按钮，可以快速在左侧的"纹理UV编辑器"中看到拆解的UV效果，如图7-167所示。无论是在"多边形"模式 🔲 还是在"边"模式 🔲 中，只要选中"纹理UV编辑器"中的对象，就可以在右侧的"透视视图"中观察到相应的模型位置，这样就能方便用户快速识别相对应的UV，如图7-168所示。

图7-167

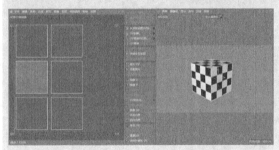

图7-168

自动UV：单击"应用"按钮，可以将拆解的UV进行打包，如图7-169所示。打包后的UV可以方便后期绘制贴图。

变换：单击该按钮，可以选中UV中的一部分，并对其进行移动、旋转或缩放操作，如图7-170所示。

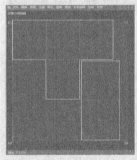

图7-169

图7-170

7.4 本章小结

本章讲解了Cinema 4D的材质与纹理技术，介绍了"材质编辑器"的用法和常用的材质与贴图。本章内容虽然较基础，但与后面的章节相联系，希望读者勤加练习。

7.5 课后习题

本节安排了两个课后习题供读者进行练习。这两个习题将本章学习的知识进行了综合运用。如果读者在练习时有疑问，可以一边观看教学视频，一边学习材质技术。

课后习题：制作金属圆规

场景文件	场景文件>CH07>07.c4d
实例文件	实例文件>CH07>课后习题：制作金属圆规.c4d
视频名称	课后习题：制作金属圆规.mp4
学习目标	练习金属材质的制作

制作一个金属质感的圆规，效果如图7-171所示。

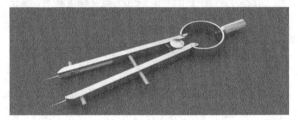

图7-171

课后习题：制作水面材质

场景文件	场景文件>CH07>08.c4d
实例文件	实例文件>CH07>课后习题：制作水面材质.c4d
视频名称	课后习题：制作水面材质.mp4
学习目标	练习水材质的制作

为场景中的水面模型添加水材质，效果如图7-172所示。

图7-172

第 8 章

环境与标签

　　本章主要讲解 Cinema 4D 的环境技术和标签。环境可以为场景添加地板、背景和环境光等；标签则可以为对象赋予不同的属性，辅助达到复杂的效果，完成场景的制作。

学习目标

◇ 掌握环境的添加方法

◇ 掌握常用标签的使用方法

8.1 环境

长按工具栏中的"地板"按钮，在弹出的菜单中可以创建场景的环境，例如"地板""背景""天空"等，如图8-1所示。

图8-1

本节工具介绍

工具名称	工具作用	重要程度
地板	创建地板模型	高
天空	创建天空模型	高
物理天空	创建可设置参数的天空	中
背景	创建背景模型	高
背景图片	添加外部贴图	中

8.1.1 地板

▶️ 演示视频 058- 地板

单击"地板"按钮，可以在场景中创建一个平面，如图8-2所示。

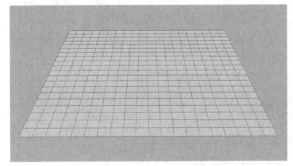

图8-2

"地板"工具与"平面"工具的相似之处是所创建的都是一个平面，但不同的是"地板"是无限延伸且没有边界的平面，对比效果如图8-3所示。

地板

图8-3

平面

图8-3（续）

📝 技巧与提示

用"地板"工具创建的平面只需要调节位置，不需要调节大小和尺寸。

8.1.2 天空

▶️ 演示视频 059- 天空

"天空"工具用于在场景中建立一个无限大的球体包裹场景，如图8-4所示。图中除了立方体和平面以外的部分，都显示为天空。"天空"常常被赋予HDRI，作为场景的环境光和环境反射使用。

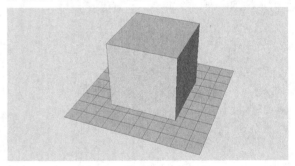

图8-4

🔲 知识点：HDRI

HDRI拥有比普通RGB格式图像（仅8bit的亮度范围）更大的亮度范围。标准的RGB图像最大亮度值是（R:255，G:255，B:255），如果用这样的图像结合光能传递照明一个场景，即使是最亮的白色也不能提供足够的照明亮度来模拟真实世界中的情况，渲染结果看上去会平淡而缺乏对比，原因是这种图像文件将现实中大范围的照明信息仅用一个8bit的RGB图像描述。但是使用HDRI，则相当于将太阳光的亮度值（例如6000%）加到光能传递计算和反射的渲染中，得到的渲染结果是非常真实和漂亮的。

在材质的"发光"选项的"纹理"通道中加载HDRI，然后将其赋予"天空"，这样天空就能360°照亮整个场景。HDRI丰富的内容还可以为场景中的高反射物体提供反射内容，增加场景的真实度。

除了加载外部的HDRI,Cinema 4D也贴心地预置了一些HDR材质和HDRI,以方便日常制作时快速调用。在"资产管理器"面板(快捷键为Shift+F8)中选择"HDRI"选项,会显示预置的材质和贴图,如图8-5所示。

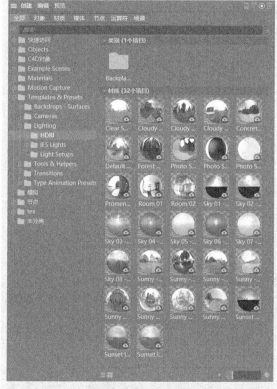

图8-5

课堂案例

用天空为场景添加环境光

场景文件	场景文件>CH08>01.c4d
实例文件	实例文件>CH08>课堂案例:用天空为场景添加环境光.c4d
视频名称	课堂案例:用天空为场景添加环境光.mp4
学习目标	练习天空和HDRI的使用方法

本案例需要为场景添加天空,并为天空赋予HDRI,案例效果如图8-6所示。

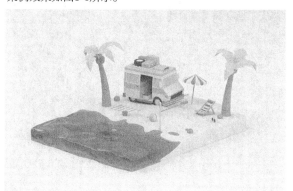

图8-6

01 打开本书学习资源文件"场景文件>CH08>01.c4d",如图8-7所示。

图8-7

技巧与提示

这个场景文件在预置文件中的一个场景的基础上做了部分调整,如图8-8所示。读者可以利用预置文件中提供的众多学习资源进行课外练习。

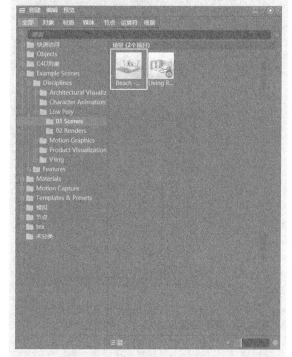

图8-8

02 单击"天空"按钮 ，在场景中创建一个天空模型。由于被背景模型遮挡,因此无法直接在视窗中观察到模型,"对象"面板如图8-9所示。

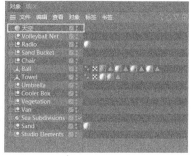

图8-9

03 新建一个默认材质，然后取消勾选"颜色"和"反射"选项，接着在"发光"的"纹理"通道中加载学习资源文件"实例文件>CH08>课堂案例：为场景添加环境光>tex>studio021.hdr"，如图8-10所示。材质效果如图8-11所示。

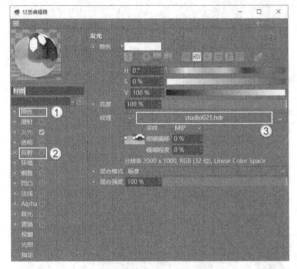

图8-10

图8-11

知识点：加载预置文件

Cinema 4D S24简化了预置文件的调用，方便用户进行查找，极大地增加了制作效率。相比于之前版本需要单独下载安装预置文件，S24直接将其放在云端，当用户需要调用其中的文件时，可单独下载个体。在旧版本的软件学习中，众多初学者并不知道需要安装预置文件，也不知道如何安装，S24在这方面的优化对初学者来说非常友好，同时也能减少软件所占用的磁盘空间。

按快捷键Shift+F8就能快速调出"资产管理器"面板，如图8-12所示。旧版本中的"资产管理器"面板是独立弹出的，而S24则是将其集成在操作视窗的右侧，减少了对操作界面的遮挡。在软件提供的丰富预置文件中，包含了单体文件、场景文件、材质、动画、摄像机和灯光的预设及贴图等。

图8-12

加载天空的HDRI，除了上面步骤中的在默认材质中加载.hdr文件外，还可以直接在灯光预设中找到调好的HDRI材质赋予天空模型。在路径"Templates&Presets>Lighting>HDRI"中，就可以找到"Photo Studio"材质，双击其下载后直接拖曳到"对象"面板的"天空"上，就可以完成材质的赋予，如图8-13和图8-14所示。

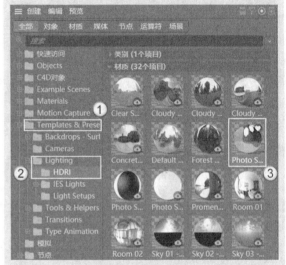

图8-13

图8-14

04 将设置好的材质赋予天空模型，然后按快捷键Shift+R
进行渲染，效果如图8-15所示。

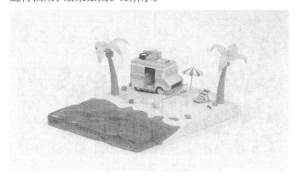

图8-15

8.1.3 物理天空

⏹ 演示视频 060- 物理天空

"物理天空"工具 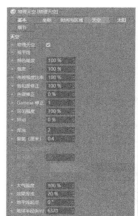 与"天空"工具 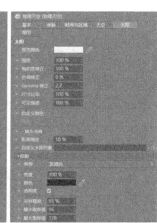 一样，用
于创建一个包裹场景的球体，但模拟的是真实的天空环
境，如图8-16所示。

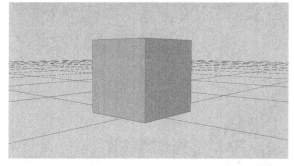

图8-16

"物理天空"通过"属性"面板可以设置天空的光照
效果，如图8-17所示。

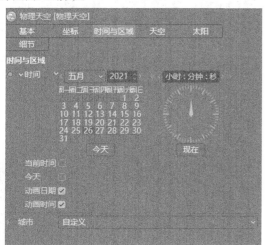

图8-17

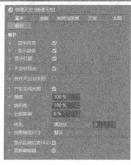

图8-17（续）

时间：设置天空的特定时间，天空在不同时间会呈现
不同的颜色、亮度和光影关系，对比效果如图8-18所示。

图8-18

城市：设置天空所在城市，不同城市有不同的天空颜
色、亮度和光影关系，对比效果如图8-19所示。

图8-19

颜色暖度：设置天空的暖色效果，对比效果如图
8-20所示。

图8-20

强度：设置天空的亮度，对比效果如图8-21所示。

100%　　200%

图8-21

浑浊：设置天空的浑浊度，数值越大，天空颜色越浑浊，如图8-22所示。

2　　4

图8-22

预览颜色：设置太阳的颜色。

强度：设置太阳的强度，对比效果如图8-23所示。

100%　　150%

图8-23

自定义太阳对象：链接场景内其他灯光作为太阳光。

8.1.4 背景

▶ 演示视频 061- 背景

"背景"工具 用于设置场景的整体背景，它没有实体模型，只能通过材质和贴图进行表现，如图8-24所示。

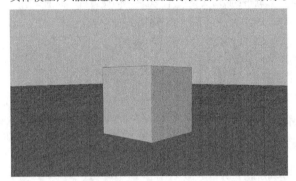

图8-24

知识点：加载预置文件

在制作一些场景时，需要将地板部分与背景融为一体，形成无缝的效果。这一效果使用"背景"工具与"合成"标签 合成 即可实现。

为"地板"和"背景"加载同样的贴图，如图8-25所示。

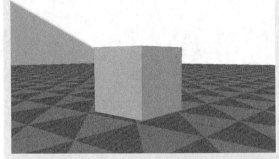

图8-25

"地板"贴图的坐标不合适，导致地板和背景贴图对应不上。在"对象"面板中选择"地板"的材质图标，然后在下方的"属性"面板中设置"投射"为"前沿"，如图8-26所示，视图窗口如图8-27所示。

图8-26

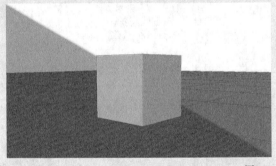

图8-27

现在无论怎样移动和旋转视图，地板与背景都形成无缝效果，如图8-28所示。

图8-28

观察渲染的效果，地板和背景虽然连接上了，但还是有明显的分界，如图8-29所示。选中"地板"选项，然后添加8.2.2小节讲到的"合成"标签 合成，勾选"合成背景"选项，如图8-30所示。场景效果如图8-31所示。

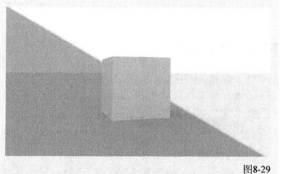

图8-29

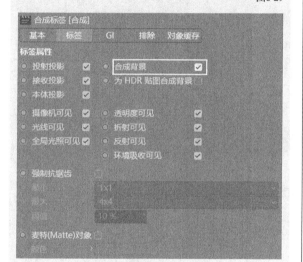

图8-30

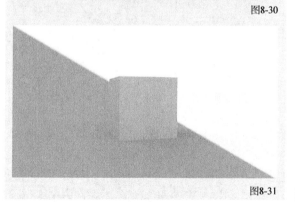

图8-31

8.1.5 背景图片

▶ 演示视频 062- 背景图片

在"属性"面板中执行"模式>视图设置"菜单命令，然后选择"背景"选项卡，就可以在视图中加载背景图片，如图8-32所示。

图8-32

📝 **技巧与提示**

"背景"选项卡只有在二维视图中才会被激活和使用，例如前视图、顶视图和右视图等。在透视图中，"背景"选项卡是非激活状态，不能加载背景图片。

图像：加载背景图片的通道。

保持长宽比例：勾选此选项后调整图片会按照原有比例进行放大或缩小。

水平偏移/垂直偏移：左右或上下移动图片的位置。

旋转：旋转图片的角度。

透明：设置背景图片的透明度。在照片建模时，会降低背景图片的透明度以方便绘制。

8.2 常用的标签

本节将为读者介绍常用的各种标签，这些标签会为场景制作提供许多便利。

本节工具介绍

工具名称	工具作用	重要程度
保护标签	对象不可移动	高
合成标签	设置分层渲染或无缝背景等	高
目标标签	添加目标对象	中
振动标签	对象产生抖动效果	中
对齐曲线标签	控制对象沿着链接的样条进行运动	中
约束标签	约束对象间的运动	中

8.2.1 保护标签

▶ 演示视频 063- 保护标签

"保护"标签 保护 常用于摄像机对象。添加了该标签后，摄像机对象无法被移动和旋转，可以起到固定摄像机的作用，同时也可以减少场景制作时的误操作。

选中摄像机，单击鼠标右键，在弹出的菜单中选择"装配标签>保护"选项，就可以为摄像机添加"保护"标签，如图8-33所示。添加标签后，在摄像机的后方会显示标签的图标，如图8-34所示。

图8-33　　　　　　　　　　图8-34

技巧与提示

较早版本的Cinema 4D软件（R18~R20）的"保护"标签位于"CINEMA 4D标签"中。

8.2.2 合成标签

演示视频 064- 合成标签

"合成"标签 合成 可以控制对象的多个属性，例如可见性、渲染性、接收光照和投影等，是一个很重要的标签，在制作无缝背景和分层渲染时经常使用。

"合成"标签 合成 位于"渲染标签"子菜单中，如图8-35所示。添加标签后，会在"属性"面板中显示标签的各种属性，如图8-36所示。

图8-35　　　　　　　　　　图8-36

投射投影：默认勾选此选项，表示对象会对别的对象产生投影。

接收投影：默认勾选此选项，表示对象会接收别的对象产生的投影。

本体投影：默认勾选此选项，表示对象会产生自身的投影。

合成背景：勾选此选项后，对象会与"背景"模型合为一体，常用于"地面"模型。

摄像机可见：默认勾选此选项，表示对象在摄像机中可见，且不被直接渲染。

全局光照可见：默认勾选此选项，表示对象接收全局光照的照明。

课堂案例

用合成标签制作分层渲染

场景文件	场景文件>CH08>02.c4d
实例文件	实例文件>CH08>课堂案例：用合成标签制作分层渲染.c4d
视频名称	课堂案例：用合成标签制作分层渲染.mp4
学习目标	掌握使用合成标签制作分层渲染的方法

本案例使用"合成"标签 合成 将场景中的背景和元素分别进行渲染，效果如图8-37所示。

图8-37

01 打开本书学习资源文件"场景文件>CH08>02.c4d"，如图8-38所示。

图8-38

02 场景中已经创建了材质、灯光和摄像机，按快捷键Shift+R渲染场景，效果如图8-39所示。

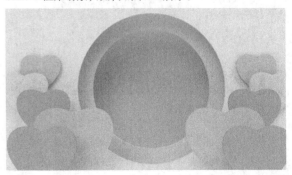

图8-39

03 在"对象"面板中选中"元素"选项，然后单击鼠标右键，在弹出的菜单中选择"渲染标签>合成"选项，为"元素"添加"合成"标签，如图8-40所示。效果如图8-41所示。

图8-40

图8-41

04 选中"合成"标签，然后在下方的"属性"面板中取消勾选"摄像机可见"选项，如图8-42所示。

图8-42

05 按快捷键Shift+R渲染场景，效果如图8-43所示。可以明显看到心形素材虽然没有被渲染，但它还是在背景上留下了投影。

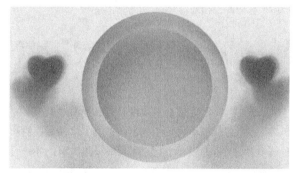

图8-43

06 在"合成"标签的属性面板中取消勾选"投射投影""接收投影""全局光照可见"选项，如图8-44所示。渲染后的效果如图8-45所示。

图8-44

图8-45

07 将"元素"后的"合成"标签向下拖曳到"背景"上，如图8-46所示。按快捷键Shift+R渲染场景，效果如图8-47所示。

图8-46

图8-47

08 由于标签中取消了投影的相关参数，因此元素之间没有产生投影。在标签中勾选"投射投影""接收投影""全局光照可见"选项，然后渲染场景，效果如图8-48所示。

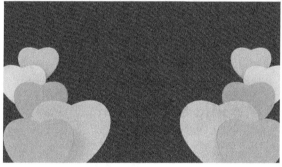

图8-48

知识点：分层渲染的作用

分层渲染最大的好处是在后期处理时会非常方便。将渲染的背景图片和元素图片导入Photoshop中，如图8-49所示。

图8-49

分别调整元素和背景的色相, 就可以生成不一样的效果, 如图8-50所示。比起对整张图片进行调整, 分层渲染后形成的图层能更加方便地对具体对象进行精准调整。

图8-50

在后期软件中还可以为元素增加一些动感模糊, 这样会使画面显得更加生动, 如图8-51所示。

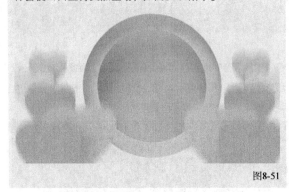

图8-51

📋 课堂练习

用合成标签制作无缝背景

场景文件	场景文件>CH08>03.c4d
实例文件	实例文件>CH08>课堂练习: 用合成标签制作无缝背景.c4d
视频名称	课堂练习: 用合成标签制作无缝背景.mp4
学习目标	掌握使用合成标签制作无缝背景的方法

本案例使用"合成"标签 🔲 合成 制作无缝背景, 效果如图8-52所示。

图8-52

8.2.3 目标标签

▶️ 演示视频 065- 目标标签

"目标"标签 ◎ 目标 可以链接场景中的目标对象, 这样就能让添加标签的对象围绕目标对象进行移动。"摄像机"和制作约束类动画时都会经常用到该标签。

"目标"标签 ◎ 目标 位于"动画标签"子菜单中, 如图8-53所示。添加"目标"标签 ◎ 目标 后, 在"属性"面板中会显示标签的相关属性, 如图8-54所示。

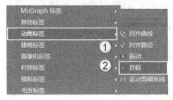 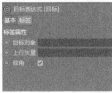

图8-53　　　　　　　　图8-54

目标对象: 在通道中加载场景中的目标对象。

上行矢量: 在通道中加载目标对象的指向对象。加载后目标对象会指向该对象, 并跟随其旋转。

8.2.4 振动标签

▶️ 演示视频 066- 振动标签

"振动"标签 ✱ 振动 会对被赋予该标签的对象产生随机的振动效果。振动效果可以是位移、缩放和旋转中的一种或多种, "振动"标签 ✱ 振动 可以方便用户制作各种形式的动画效果。

"振动"标签 ✱ 振动 位于"动画标签"子菜单中, 如图8-55所示。添加"振动"标签 ✱ 振动 后, 会在"属性"面板中显示相关的参数, 如图8-56所示。

图8-55

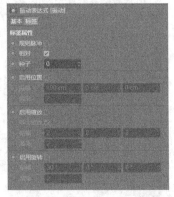

图8-56

规则脉冲： 勾选该选项后，对象的振动幅度相同。

种子： 设置振动的随机性。当勾选"规则脉冲"选项后，该选项将不可设置。

启用位置： 勾选该选项后，对象将按照设置的方向进行位移振动，如图8-57所示。

图8-57

振幅： 设置对象振动的方向和位移。可以在3个输入框中分别输入x方向、y方向和z方向的位移。

频率： 设置对象振动的频率，数值越大，振动的频率越高。

启用缩放： 勾选该选项后，对象会按照设置的方向进行缩放，如图8-58所示。

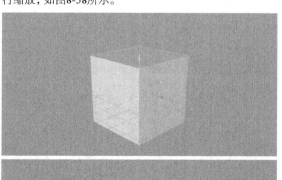

图8-58

等比缩放： 默认勾选该选项，表示对象同时沿3个轴向进行缩放。

启用旋转： 勾选该选项后，对象会按照设置的方向进行旋转，如图8-59所示。

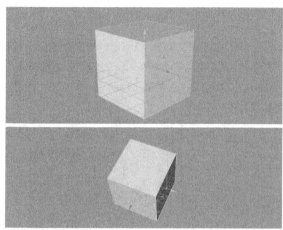

图8-59

8.2.5 对齐曲线标签

▶ 演示视频 067- 对齐曲线标签

"对齐曲线"标签 可以控制对象沿着链接的样条进行运动，常用于制作轨迹动画。

"对齐曲线"标签 位于"动画标签"子菜单中，如图8-60所示。添加该标签后，会在"属性"面板中显示标签的各种属性，如图8-61所示。

图8-60 　　　　　　　　　图8-61

曲线路径： 将需要链接的样条拖曳到此选项框中，对象会自动吸附到样条上，如图8-62所示。

切线： 勾选此选项后，对象会按照切线的方向沿着曲线移动，如图8-63所示。

图8-62 　　　　　　　　　图8-63

145

位置：设置对象在曲线上移动的位置。此参数常用于制作动画。

8.2.6 约束标签

▶ 演示视频 068- 约束标签

"约束"标签 ⊗ 约束 能使一个运动的物体受到另一个物体的限制，常用于制作动画效果。"约束"标签 ⊗ 约束 位于"装配标签"子菜单中，如图8-64所示。"约束"标签 ⊗ 约束 的参数如图8-65所示。

图8-64   图8-65

父对象：勾选后激活"父对象"选项卡，目标对象将作为被约束对象的父层级，当目标对象移动时，约束对象也会跟着移动。

目标：勾选后激活"目标"选项卡。当目标对象移动时，被约束对象也会随之移动，与"父对象"的用法有些相似。

限制：勾选后激活"限制"选项卡。使目标对象与被约束对象之间形成距离上的连接。当目标对象移动的距离超过连接的距离时，被约束对象会随之移动；当目标对象移动的距离小于连接距离时，被约束对象不移动。

弹簧：勾选后激活"弹簧"选项卡。使目标对象与被约束对象间形成弹簧效果。

镜像：勾选后激活"镜像"选项卡。使目标对象与被约束对象间形成镜像效果。当目标对象移动时，被约束对象会按照镜像的原理移动，且无法单独移动被约束对象。

8.3 本章小结

本章主要讲解了Cinema 4D的环境和标签。环境技术讲解了地板、背景、天空和加载环境贴图的方法。标签讲解了常用标签的使用方法，尤其是"合成"标签 ⊗ 合成 需要重点掌握。本章起到辅助场景制作的作用，需要读者熟悉相关内容。

8.4 课后习题

本节安排了两个课后习题供读者进行练习。这两个习题将本章学习的知识进行了综合运用。如果读者在练习时有疑问，可以一边观看教学视频，一边学习环境与标签技术。

课后习题：为场景添加无缝背景

场景文件	场景文件>CH08>04.c4d
实例文件	实例文件>CH08>课后习题：为场景添加无缝背景.c4d
视频名称	课后习题：为场景添加无缝背景.mp4
学习目标	练习使用合成标签制作无缝背景的方法

使用"合成"标签 ⊗ 合成 制作无缝背景，效果如图8-66所示。

图8-66

课后习题：制作葡萄场景环境光

场景文件	场景文件>CH08>05.c4d
实例文件	实例文件>CH08>课后习题：制作葡萄场景环境光.c4d
视频名称	课后习题：制作葡萄场景环境光.mp4
学习目标	练习场景环境光的添加方法

为葡萄场景添加环境光，效果如图8-67所示。

图8-67

9

渲染技术

本章主要讲解 Cinema 4D 的渲染技术。使用渲染技术可以将制作好的场景渲染为图片格式或是视频格式。通过渲染，整个场景的制作才得以最终完成。

学习目标

◇ 掌握渲染设置面板

◇ 掌握不同模式的渲染方法

9.1 渲染设置面板

▶ 演示视频 069- 渲染设置面板

单击工具栏中的"编辑渲染设置"按钮 ⚙ （快捷键为 Ctrl+B），打开"渲染设置"面板，如图9-1所示。

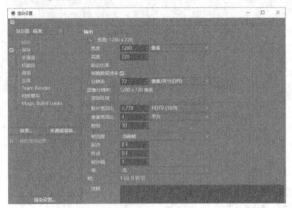

图9-1

本节工具介绍

工具名称	工具作用	重要程度
输出	设置输出文件的格式	高
保存	设置输出文件的保存路径	高
多通道	渲染多通道分层	中
抗锯齿	设置模型边缘的锯齿	高
材质覆写	为场景添加统一材质	中
全局光照	计算场景的全局光照效果	高
环境吸收	给场景模型增加整体的阴影效果	中
对象辉光	渲染辉光效果	中
物理	渲染景深和运动模糊	高

9.1.1 渲染器类型

在"渲染设置"面板的左上角可以切换不同的渲染器类型。Cinema 4D S24自带的渲染器类型有"标准""物理""视窗渲染器"3种，如图9-2所示。

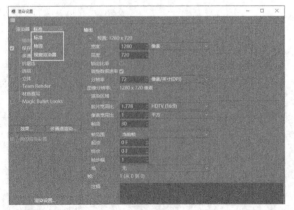

图9-2

Cinema 4D S24中已经不再自带ProRender渲染器，当读者打开一些旧版本制作的场景时，可能会弹出提示缺少ProRender插件的窗口。此时无须进行其他操作，只需要关闭提示窗口即可。

"标准"渲染器与"物理"渲染器的参数面板基本相同，只是"物理"渲染器多一个"物理"选项卡，如图9-3所示。

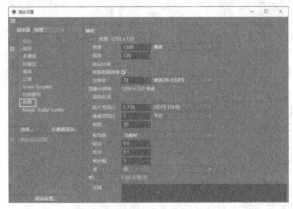

图9-3

📖 知识点：插件类渲染器

除了软件自带的渲染器外，用户还可以下载安装其他插件类渲染器。

渲染器分为两大类：CPU渲染器和GPU渲染器。软件自带的渲染器都是CPU渲染器，对硬件的要求不是太高，只要CPU的线程多，频率高，渲染速度就会相对较快。其他常见的CPU渲染器有VRay、Corona和Arnold。

GPU渲染器对硬件的要求较高，会受到显卡种类和版本的限制。常见的GPU渲染器有Octane Render和RedShift。

Octane Render是使用范围较广的一款GPU渲染器，因其渲染速度快，渲染质量好且操作较为简单，深受Cinema 4D用户的喜爱。Octane Render渲染器对显卡的要求较高。Octane Render渲染器只支持N卡（NVIDIA 公司生产的显卡）。RTX系列的显卡只支持Octane Render渲染器4.0系列及以上版本，且必须是R20及以上版本的Cinema 4D；GTX系列的显卡只支持Octane Render渲染器3.0系列，且必须是R20以下版本的Cinema 4D。

9.1.2 输出

在"输出"选项中可以设置渲染图片的尺寸、分辨率及渲染帧的范围，如图9-4所示。

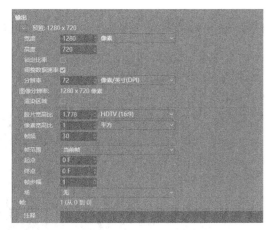

图9-4

宽度/高度：设置图片的宽度或高度，默认单位为"像素"，也可以使用"厘米""英寸""毫米"等单位。

锁定比率：勾选该选项后，无论是修改"宽度"还是"高度"的数值，另一个数值都会根据"胶片宽高比"进行更改。

分辨率：设置图片的分辨率。

渲染区域：勾选该选项后，会在下方设置渲染区域的大小，如图9-5所示。

图9-5

胶片宽高比：设置画面的宽度与高度的比例。

帧频：设置动画播放的帧率。

帧范围：设置渲染动画时的帧起始范围。

帧步幅：设置渲染动画的帧间隔，默认的1表示逐帧渲染。

9.1.3 保存

"保存"选项可设置渲染图片的保存路径和格式，如图9-6所示。

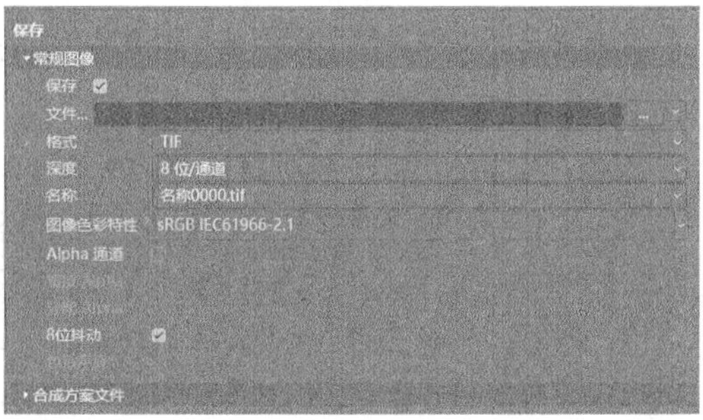

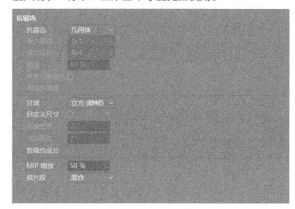

图9-6

文件…：设置文件的保存路径。

格式：设置文件的保存格式，如图9-7所示。渲染的文件不仅可以保存为图片格式，也可以保存为视频格式。

深度：设置图片的深度。

名称：设置图片的保存名称。

Alpha通道：勾选后图片会保留透明信息。

图9-7

9.1.4 多通道

"多通道"选项用于将渲染的图片渲染为多个图层，方便在后期软件中进行调整，如图9-8所示。

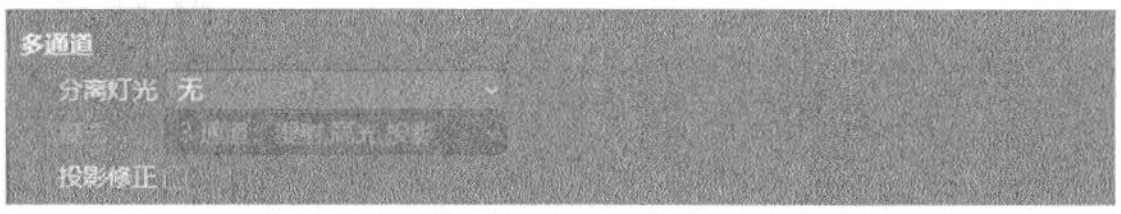

图9-8

分离灯光：包括"无""全部""选取对象"3个选项。

模式：设置分离通道的类型，如图9-9所示。

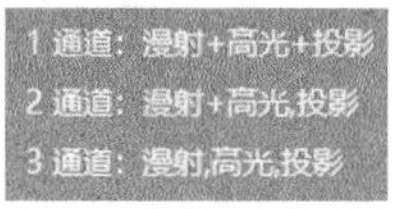

图9-9

1 通道:	漫射+高光+投影
2 通道:	漫射+高光,投影
3 通道:	漫射,高光,投影

投影修正：勾选该选项后，通道的投影会得到修正。

9.1.5 抗锯齿

"抗锯齿"选项用于控制模型边缘的锯齿，让模型的边缘更加圆滑细腻，如图9-10所示。需要注意的是，该功能只有在"标准"渲染器中才能完全使用。

图9-10

抗锯齿：包括"无""几何体""最佳"3种模式，如图9-11所示。

图9-11

无：没有抗锯齿效果。

几何体：渲染速度较快，有一定的抗锯齿效果，可用于测试渲染。

最佳：渲染速度较慢，抗锯齿效果良好，可用于成图渲染。

最小级别/最大级别：当"抗锯齿"设置为"最佳"时激活这两个选项，用于设置抗锯齿的级别，如图9-12所示。所选择的数值越大，效果就越好，计算速度也就越慢。

图9-12

过滤：设置图像过滤器，在"物理"渲染器中也可以使用，如图9-13所示。

图9-13

9.1.6 材质覆写

"材质覆写"用于为场景整体添加一个材质，但不改变场景中模型本身的材质，如图9-14所示。

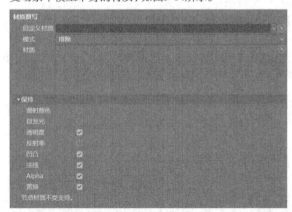

图9-14

自定义材质：设置场景整体的覆盖材质。

模式：设置材质覆写的模式，如图9-15所示。

图9-15

保持：该卷展栏中勾选的选项会保留在原有材质的属性中，不会被覆写材质完全覆盖。

9.1.7 全局光照

"全局光照"是非常重要的选项，能计算出场景的全局光照效果，让渲染的图片更接近真实的光影关系，如图9-16所示。

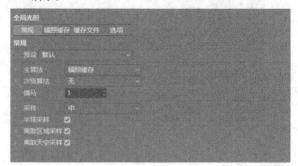

图9-16

📝 **技巧与提示**

"全局光照"选项不是"渲染设置"面板中默认的选项。单击"效果…"按钮，在弹出的菜单中选择"全局光照"选项就可以添加该选项，如图9-17所示。

图9-17

预设：设置渲染的经典模式，如图9-18所示。

图9-18

主算法：设置光线首次反弹的方式，如图9-19所示。

次级算法：设置光线二次反弹的方式，如图9-20所示。

伽马：设置画面的整体亮度值。

采样：设置图片像素的采样精度，如图9-21所示。

图9-19　　　　图9-20　　　　图9-21

知识点：全局光照详解

场景中的光源可以分为两大类，一类是直接照明光源，另一类是间接照明光源。直接照明光源是由光源所发出的光线直接照射到物体上所形成的照明效果；间接照明光源是发出的光线由物体表面反弹后照射到其他物体表面所形成的光照效果，如图9-22所示。全局光照是由直接光照和间接光照一起形成的照明效果，更接近现实中的真实光照。

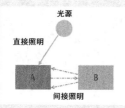
图9-22

在Cinema 4D的全局光照渲染中，渲染器需要进行灯光的分配计算，分别是"主算法"和"次级算法"。经过两次计算后，再渲染出图像的反光、高光和阴影等其他效果。

全局光照的"主算法"和"次级算法"中有多种计算模式，下面将讲解各种模式的优缺点，以便读者进行选择。

辐照缓存：优点是计算速度较快，加速区域光照产生的直接漫射照明，能存储并重复使用；缺点是在间接照明时可能会模糊一些细节，尤其是在计算动态模糊时，这种情况更为明显。

准蒙特卡罗（QMC）：优点是保留间接照明里的所有细节，在渲染动画时不会出现闪烁；缺点是计算速度较慢。

光子贴图：优点是能加快产生场景中的光照，且可以被存储；缺点是不能计算由天光产生的间接照明。

辐射贴图：优点是参数简单，计算速度快，且可以计算天光产生的间接照明；缺点是效果较差，不能很好地表现凹凸纹理效果。

下面列举一些可以搭配使用的渲染引擎。

第1种：准蒙特卡罗（QMC）+准蒙特卡罗（QMC）。

第2种：准蒙特卡罗（QMC）+辐照缓存。

第3种：辐照缓存+辐照缓存。

9.1.8 环境吸收

"环境吸收"选项可以增加场景模型整体的阴影效果，让场景看起来更加立体，其参数面板如图9-23所示。"环境吸收"的参数一般保持默认即可。当场景中有高反射的材质，如不锈钢、玻璃等，不要使用该选项，否则容易将其渲染为纯黑色。

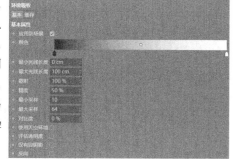
图9-23

9.1.9 对象辉光

当场景中的材质添加了"辉光"属性后，必须在渲染器中添加"对象辉光"选项卡，才能渲染出辉光效果，如图9-24所示。"对象辉光"选项卡中没有参数，但在渲染辉光效果时必不可少。

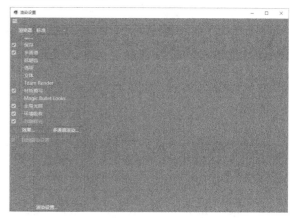
图9-24

9.1.10 物理

当"渲染器"的类型切换到"物理"时，会自动添加"物理"选项，如图9-25所示。

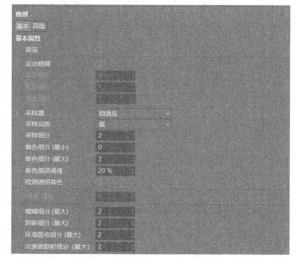
图9-25

景深：勾选后配合摄像机的设置渲染景深效果。

运动模糊：勾选后渲染运动模糊效果。

运动细分：设置运动模糊的细分效果，数值越大，画面越细腻。

采样器：与"抗锯齿"选项的作用相同，如图9-26所示。

图9-26

采样品质：设置抗锯齿的级别。

采样细分：设置全局的抗锯齿细分值。

模糊细分（最大）：设置场景中模糊效果的细分值。

阴影细分（最大）：设置场景中阴影效果的细分值。

环境吸收细分（最大）：添加了"环境吸收"后的效果的细分值。

9.2 不同模式的渲染方法

本节将讲解在Cinema 4D中渲染单帧图、序列图和视频的方法。

9.2.1 单帧渲染

▶ 演示视频 070- 单帧渲染

默认情况下，"渲染设置"面板中的参数是单帧图渲染的模式。在"输出"选项中需要设置渲染图片的"宽度""高度""分辨率"，如图9-27所示。

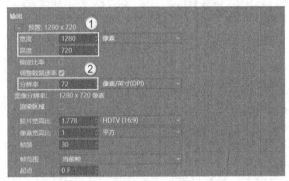

图9-27

在"保存"选项中需要设置渲染图片的保存路径、格式，如果是带透明通道的图片，需要勾选"Alpha通道"选项，如图9-28所示。

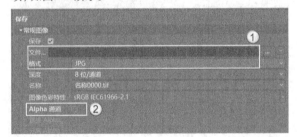

图9-28

📝 **技巧与提示**

一般情况下，渲染图片选择JPG格式，带透明通道的图片则选择PNG格式。

在"抗锯齿"选项中设置"抗锯齿"为"最佳"，"最小级别"为2×2，"最大级别"为4×4，"过滤"可以设置为Mitchell，也可以不设置，如图9-29所示。

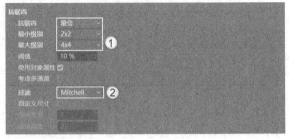

图9-29

📝 **技巧与提示**

如果渲染类似毛发这类细小的模型，"最小级别"和"最大级别"的参数还需要继续增加。

在"全局光照"选项中设置"主算法"和"次级算法"都为"辐照缓存"，如图9-30所示。如果渲染效果不理想，还可以切换"主算法"为"准蒙特卡罗（QMC）"，如图9-31所示。

图9-30   图9-31

📇 **课堂案例**

渲染单帧图片

场景文件	场景文件>CH09>01.c4d
实例文件	实例文件>CH09>课堂案例：渲染单帧图片.c4d
视频名称	课堂案例：渲染单帧图片.mp4
学习目标	掌握渲染单帧图的参数设置方法

本案例需要将一个制作好的场景进行渲染，生成一张图片，效果如图9-32所示。

图9-32

01 打开本书学习资源文件"场景文件>CH09>01.c4d"，如图9-33所示。这是一个已经制作完成的场景，只需要设置渲染参数后进行渲染即可。

图9-33

02 按快捷键Ctrl+B打开"渲染设置"面板，在"输出"中设置"宽度"为1280像素，"高度"为720像素，如图9-34所示。

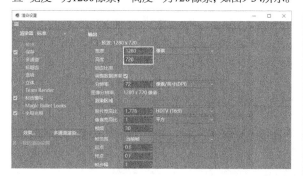

图9-34

03 切换到"保存"选项，设置图片的保存路径，然后设置"格式"为JPG，如图9-35所示。

图9-35

04 切换到"抗锯齿"选项，设置"抗锯齿"为"最佳"，"最小级别"为2×2，"最大级别"为4×4，"过滤"为Mitchell，如图9-36所示。

图9-36

05 添加"全局光照"选项，然后设置"主算法"和"次级算法"都为"辐照缓存"，"采样"为"高"，如图9-37所示。

图9-37

06 按快捷键Shift+R，弹出"图像查看器"面板，在查看器中可以看到正在渲染的图片，如图9-38所示。

图9-38

07 渲染完成后，在保存图片的文件夹中就可以找到相应的文件，如图9-39所示。效果如图9-40所示。

图9-39

图9-40

📝 技巧与提示

在"工程"文件夹中的"illum"文件夹中保存的是渲染生成的缓存文件。只要设置"主算法"和"次级算法"为"辐照缓存"，就会自动生成这个文件夹。

9.2.2 序列帧渲染

▶️ 演示视频 071- 序列帧渲染

序列帧是指在渲染动画时，将每一帧都渲染为一张图片所生成的一系列连续的图片。在设置渲染序列帧的时候，只需要更改"输出"中的"帧范围"为"全部帧"即可，如图9-41所示。需要注意的是，如果动画比"终点"短，就将"终点"的数值设置为动画的最后一帧。

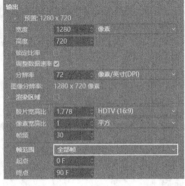

图9-41

📋 课堂案例

渲染序列帧图片

场景文件	场景文件>CH09>02.c4d
实例文件	实例文件>CH09>课堂案例：渲染序列帧图片.c4d
视频名称	课堂案例：渲染序列帧图片.mp4
学习目标	掌握渲染序列帧图片的参数设置方法

本案例需要渲染一个简单的小动画，并将其渲染为序列帧图片，如图9-42所示。

图9-42

01 打开本书学习资源文件"场景文件>CH09>02.c4d"，如图9-43所示。这是一个简单的过场小动画。

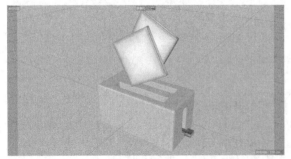

图9-43

02 按快捷键Ctrl+B打开"渲染设置"面板，在"输出"中设置"宽度"为720像素，"高度"为405像素，"帧范围"为"全部帧"，如图9-44所示。

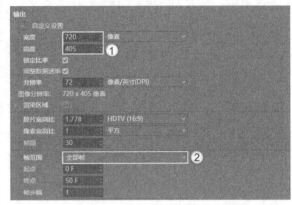

图9-44

📝 技巧与提示

序列帧渲染的数量较多，为了加快案例的演示速度，将渲染的尺寸减小。

03 在"保存"选项中设置文件的保存路径，然后设置"格式"为JPG，如图9-45所示。

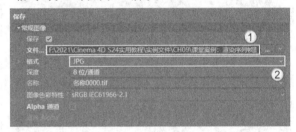

图9-45

04 其余参数的设置方法与单帧图片相同，这里不再赘述。按快捷键Shift+R渲染场景，可以观察到"图片查看器"面板中显示的渲染效果和进度，如图9-46所示。

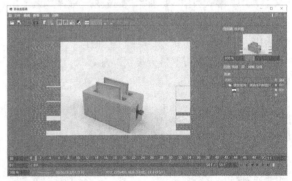

图9-46

05 渲染完成后，就可以在"图片查看器"面板中播放动画。在文件的保存路径中也可以查看渲染完成的序列帧，如图9-47所示。随意选取4帧，效果如图9-48所示。

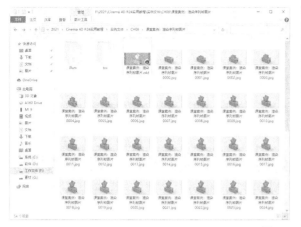

图9-47

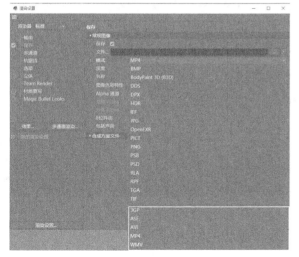

图9-48

9.2.3 视频渲染

▶️ 演示视频 072- 视频渲染

渲染的序列帧虽然能生成动画，但还需要将其导入后期软件中合成后才能生成视频格式的动画。在Cinema 4D中可以直接渲染视频格式的文件，这样就省去了导入后期软件的过程，极大地提高了制作效率。

视频渲染的方法与序列帧渲染的方法基本相同，唯一不同的地方是在保存文件的格式时需要选择视频格式，如图9-49所示。常用的视频格式是MP4和WMV这两种，这两种格式的视频体积较小，且画面较为清晰，也方便导入其他视频软件中进行编辑。

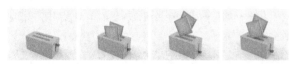

图9-49

📑 课堂案例

渲染动画视频

场景文件	场景文件>CH09>03.c4d
实例文件	实例文件>CH09>课堂案例：渲染动画视频.c4d
视频名称	课堂案例：渲染动画视频.mp4
学习目标	掌握渲染视频的参数设置方法

本案例需要将一个简单的变形动画渲染为视频文件，单帧效果如图9-50所示。

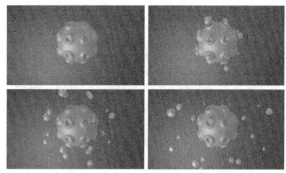

图9-50

01 打开本书学习资源文件"场景文件>CH09>03.c4d"，如图9-51所示。这是一个简单的变形动画。

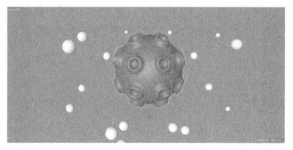

图9-51

02 按快捷键Ctrl+B打开"渲染设置"面板，在"输出"中设置"宽度"为720像素，"高度"为405像素，"起点"为0F，"终点"为50F，如图9-52所示。

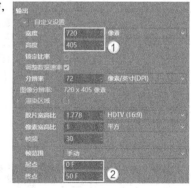

图9-52

📝 技巧与提示

动画的最后一帧在50帧的位置，因此"终点"要设置为50F。

03 切换到"保存"选项卡, 然后设置文件的保存路径, 并设置"格式"为MP4, 如图9-53所示。

图9-53

04 其余参数与序列帧相同, 这里不再赘述。按快捷键Shift+R在打开的"图片查看器"面板中就可以观察到渲染过程, 如图9-54所示。与序列帧一样, 系统也是逐帧进行渲染的。

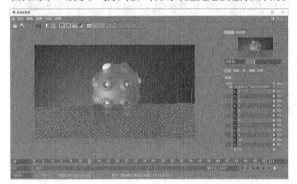

图9-54

05 渲染完成后, 在保存文件的文件夹中就可以查看最终生成的视频文件, 如图9-55所示。截取4个单帧, 效果如图9-56所示。

图9-55

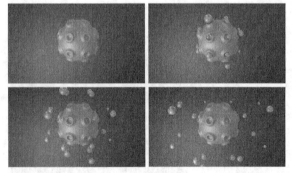

图9-56

9.3 本章小结

本章主要讲解了Cinema 4D的渲染技术。不仅讲解了"标准"渲染器和"物理"渲染器的使用方法, 还讲解了不同类型文件的渲染方法。本章的内容非常重要, 需要读者完全掌握。

9.4 课后习题

本节安排了两个课后习题供读者进行练习。这两个习题将本章学习的知识进行了综合运用。如果读者在练习时有疑问, 可以一边观看教学视频, 一边学习渲染技术。

课后习题: 渲染输出手表效果图

场景文件	场景文件>CH09>04.c4d
实例文件	实例文件>CH09>课后习题: 渲染输出手表效果图.c4d
视频名称	课后习题: 渲染输出手表效果图.mp4
学习目标	掌握渲染输出的设置方法

将一个简单的手表场景渲染输出为单帧效果图, 如图9-57所示。

图9-57

课后习题: 渲染输出饮料效果图

场景文件	场景文件>CH09>05.c4d
实例文件	实例文件>CH09>课后习题: 渲染输出饮料效果图.c4d
视频名称	课后习题: 渲染输出饮料效果图.mp4
学习目标	掌握渲染输出的设置方法

将一个饮料场景渲染输出为单帧效果图, 如图9-58所示。

图9-58

第 **10** 章

动画技术

本章将讲解 Cinema 4D 的动画技术。学完本章的内容后，读者就可以掌握动画的制作方法，为后面制作各种复杂的动画打下基础。

学习目标

◇ 熟悉动画制作工具

◇ 掌握基础动画

10.1 动画制作工具

本节将讲解Cinema 4D的基础动画技术。通过关键帧和时间线窗口，可以制作出一些基础的动画效果。

本节工具介绍

工具名称	工具作用	重要程度
时间线面板	建立和播放动画	高
时间线窗口	调整动画关键帧	高

10.1.1 时间线面板

▶ 演示视频 073- 时间线面板

Cinema 4D的动画制作工具主要位于"时间线"面板，如图10-1所示。

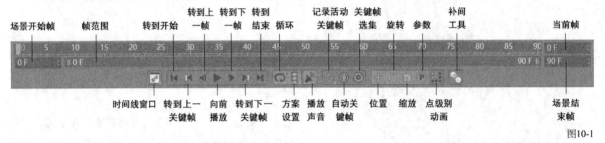

图10-1

场景开始帧：表示场景的第一帧，默认为0。

帧范围：显示窗口帧的范围，默认为 0到90帧。

场景结束帧：表示场景的最后一帧。

当前帧：表示当前时间滑块所在的帧。

时间线窗口：单击该按钮会打开"时间线窗口（摄影表）"面板，如图10-2所示。长按该按钮，在弹出的菜单中还可以选择打开"时间线窗口（函数曲线）"面板，如图10-3所示。

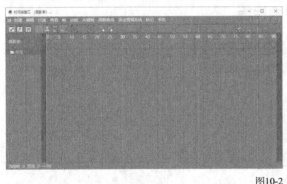

图10-2

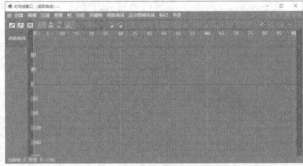

图10-3

转到开始：跳转到开始帧的位置。

转到上一关键帧：跳转到上一个关键帧位置。

转到上一帧：跳转到上一帧。

向前播放：正向播放动画。

转到下一帧：跳转到下一帧。

转到下一关键帧：跳转到下一个关键帧。

转到结束：跳转到最后一帧的位置。

循环：循环播放动画效果（默认开启）。

方案设置：在弹出的菜单中设置回放比率，如图10-4所示。

图10-4

播放声音：播放添加的音频（默认开启）。

记录活动关键帧：单击该按钮后，会记录选择对象的关键帧。

自动关键帧：单击该按钮后，会自动记录选择对象的关键帧。此时视图窗口的边缘会出现红色的框，表示正在记录关键帧，如图10-5所示。

图10-5

关键帧选集：设置关键帧选集对象。

位置：控制是否记录对象的位置信息（默认开启）。

缩放：控制是否记录对象的缩放信息（默认开启）。

旋转：控制是否记录对象的旋转信息（默认开启）。

参数：控制是否记录对象的参数层级动画（默认开启）。

点级别动画：控制是否记录对象的点层级动画。

补间工具：辅助调整关键帧。

10.1.2 时间线窗口

▶ 演示视频 074- 时间线窗口

时间线窗口是制作动画时经常使用到的一个编辑器。使用时间线窗口可以快速地调节曲线，从而控制物体的运动状态。执行"窗口>时间线（函数曲线）"菜单命令，可以打开图10-6所示的面板。

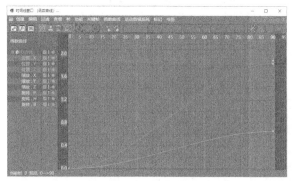

图10-6

摄影表：单击该按钮，会将函数曲线面板切换到摄影表面板。

函数曲线模式：单击该按钮，会将摄影表面板切换到函数曲线面板。

运动剪辑：单击该按钮，会切换到运动剪辑面板。

框显所有：单击该按钮，会显示所有对象的信息。

转到当前帧：单击该按钮，会跳转到时间滑块所在帧的位置。

创建标记在当前帧：在当前时间添加标记。

创建标记在视图边界：在可视范围的起点和终点添加标记。

线性：将所选关键帧设置为尖锐的角点。

步幅：将所选关键帧设置为步幅插值。

样条：将所选关键帧设置为圆滑的样条。

知识点：函数曲线与动画的关系

在同样的关键帧之间，曲线的不同形式会呈现不同的动画效果。下面讲解一下它们之间的关系。

图10-7所示的是位于z轴的位移动画曲线，两个关键帧之间呈一条直线，这种曲线就表示对象沿着z轴匀速运动。

图10-7

图10-8所示的是位于z轴的位移动画曲线，两个关键帧之间呈向下凹的曲线，这种曲线就表示对象沿着z轴加速运动。

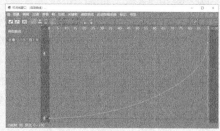

图10-8

图10-9所示的是位于z轴的位移动画曲线，两个关键帧之间呈向上凸的曲线，这种曲线就表示对象沿着z轴减速运动。

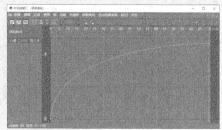

图10-9

图10-10所示的是位于z轴的位移动画曲线，两个关键帧之间呈S形曲线，这种曲线就表示对象沿着z轴先减速、然后匀速、最后加速运动。

图10-10

通过以上4幅图，可以总结出对象的运动速度与曲线的斜率相关。当曲线的斜率一致时，呈现直线效果，即匀速运动；当曲线斜率逐渐增加时，呈抛物线效果，即加速运动；当曲线斜率逐渐减少时，呈抛物线效果，即减速运动。

10.2 基础动画

本节将运用之前学习的动画工具制作一些简单的基础类型动画，包括关键帧动画、点级别动画和参数动画。

10.2.1 关键帧动画

▶ 演示视频 075- 关键帧动画

动画是由关键帧之间进行串联，从而形成运动的效果。在制作动画时，只需要在特定的位置上记录关键帧，软件就会自动生成关键帧之间的动画效果。关键帧有很多类型，例如位置、旋转、缩放和参数等。通过这些类型的关键帧，就能串联出一个复杂的动画效果。

下面以一个简单的位移动画为例，为读者讲解怎样添加关键帧。

第1步： 选中对象，然后打开"自动关键帧" ⏺，此时可以看到视窗的边缘出现红色线条，代表开启了动画，如图10-11所示。

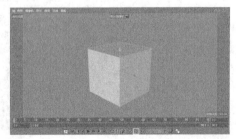

图10-11

第2步： 在动画起始位置单击"记录活动关键帧"按钮 ⊘记录初始关键帧，如图10-12所示。此时在时间线上就能看到关键帧的下方出现了一个橙色的标记。

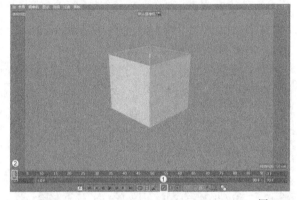

图10-12

第3步： 移动时间滑块到动画结束的位置，这里移动到第90帧。移动立方体的位置，就可以看到在第90帧的位置自动生成了一个橙色的关键帧，如图10-13所示。

图10-13

📝 **技巧与提示**

读者在练习这一步时，一定要先移动时间滑块的位置，再移动立方体，否则会将第0帧的关键帧覆盖。

第4步： 关闭"自动关键帧" ⏺，然后单击"向前播放"按钮 ▶，就可以在视窗中观察到动画效果，如图10-14所示。

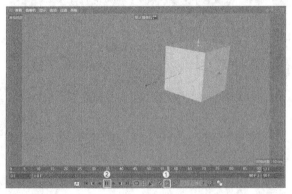

图10-14

⊞ 课堂案例

制作热气球位移动画

场景文件 场景文件>CH10>01.c4d
实例文件 实例文件>CH10>课堂案例：制作热气球位移动画.c4d
视频名称 课堂案例：制作热气球位移动画.mp4
学习目标 练习位移关键帧动画的制作

本案例的位移动画是为热气球模型添加位移关键帧，如图10-15所示。

图10-15

01▷ 打开本书学习资源中的文件"场景文件>CH10>01.c4d"，如图10-16所示，这是一个制作好的热气球场景。

图10-16

02▷ 打开"自动关键帧"⬤，然后选中"热气球1"对象，在第0帧时移动对象到图10-17所示的位置，并单击"记录活动关键帧"按钮⬤添加关键帧。

图10-17

03▷ 移动时间滑块到第50帧的位置，然后移动"热气球1"对象到图10-18所示的位置，软件会自动在第50帧的位置生成关键帧。

图10-18

04▷ 选中"热气球2"对象，然后在第0帧的时候移动对象到图10-19所示的位置，并按F9键添加关键帧。

图10-19

✎ 技巧与提示

"记录活动关键帧"按钮⬤的快捷键是F9键。

05▷ 移动时间滑块到第50帧的位置，然后移动对象到图10-20所示的位置。

图10-20

06▷ 选中"热气球3"对象，然后在第0帧的时候移动对象到图10-21所示的位置，并按F9键添加关键帧。

图10-21

07 移动时间滑块到第50帧的位置，然后移动对象到图10-22所示的位置。

图10-22

08 关闭"自动关键帧" ，然后按F8键播放动画，发现热气球呈非匀速运动。打开"时间线窗口（函数曲线）"面板，然后选中所有的曲线，并单击"线性"按钮 ，使其成为直线，如图10-23所示。

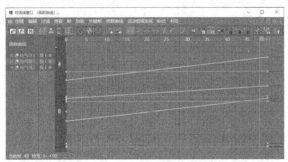

图10-23

09 关闭"时间线窗口（函数曲线）"面板，再次播放动画，可以观察到热气球呈匀速运动。随意渲染4帧，效果如图10-24所示。

图10-24

📎 **课堂练习**

制作风车旋转动画

场景文件	场景文件>CH10>02.c4d
实例文件	实例文件>CH10>课堂练习：制作风车旋转动画.c4d
视频名称	课堂练习：制作风车旋转动画.mp4
学习目标	练习旋转关键帧动画的制作

本案例需要为风车模型的风叶和齿轮制作旋转动画，

效果如图10-25所示。

图10-25

10.2.2 点级别动画

▶️ 演示视频 076- 点级别动画

单击"点级别动画"按钮 ，可以在可编辑对象的"点" 、"边" 和"多边形" 模式下制作关键帧动画。点级别动画常用于制作对象的变形效果。

📎 **课堂案例**

制作小球变形动画

场景文件	场景文件>CH10>03.c4d
实例文件	实例文件>CH10>课堂案例：制作小球变形动画.c4d
视频名称	课堂案例：制作小球变形动画.mp4
学习目标	练习点级别动画的制作

本案例的变形小球动画用点级别动画进行制作，如图10-26所示。

图10-26

01 打开本书学习资源中的"场景文件>CH10>03.c4d"文件，如图10-27所示。

图10-27

02 将场景中的小球转换为可编辑对象，然后进入"点"模式 ，接着单击"启用轴心"按钮 ，将小球的轴心移动到底部，如图10-28所示。

图10-28

03 单击"自动关键帧"按钮 ，然后将时间滑块移动到第10帧，接着全选小球的点后用"缩放"工具 压缩小球，如图10-29所示。

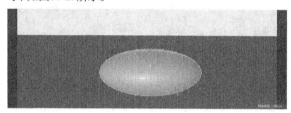

图10-29

04 保持选中的点不变，然后将时间滑块移动到第15帧，接着用"缩放"工具 拉伸小球到最大限度，如图10-30所示。

图10-30

05 将时间滑块移动到第20帧，然后用"缩放"工具 压缩小球，压缩的量要比第1次少，如图10-31所示。

图10-31

06 将时间滑块移动到第25帧，然后用"缩放"工具 拉伸小球，如图10-32所示。

图10-32

07 将时间滑块移动到第27帧，然后用"缩放"工具 压缩小球，如图10-33所示。

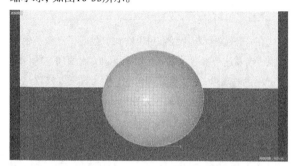

图10-33

08 将时间滑块移动到第28帧，然后用"缩放"工具 拉伸小球到初始状态，如图10-34所示。

图10-34

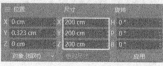

图10-35

09 选择关键帧进行渲染，效果如图10-36所示。

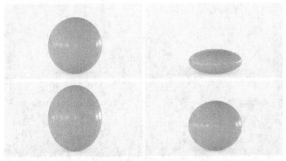

图10-36

10.2.3 参数动画

▶ 演示视频 077- 参数动画

在"属性"面板中经常可以看到参数前有一个灰色的圆点，代表这个参数可以被记录成动画，如图10-37所示。单击灰色的圆点，它就会变为红色，代表着只要修改这个参数的数值，就会被记录为关键帧，从而生成动画效果，如图10-38所示。

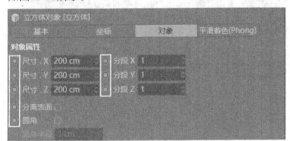

图10-37

图10-38

🖰 课堂案例

制作灯光变换动画

场景文件	场景文件>CH10>04.c4d
实例文件	实例文件>CH10>课堂案例：制作灯光变换动画.c4d
视频名称	课堂案例：制作灯光变换动画.mp4
学习目标	练习参数动画的制作

本案例需要在材质的参数上进行不同的设置，从而形成灯光变换的动画效果，如图10-39所示。

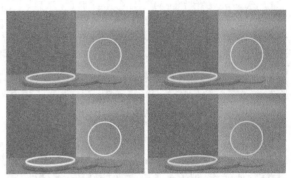

图10-39

01 打开本书学习资源文件"场景文件>CH10>04.c4d"，如图10-40所示。场景中白色的圆环是自发光材质，能够产生灯光效果。

图10-40

02 双击自发光材质打开"材质编辑器"面板，然后在第0帧时单击"发光"面板中的"颜色"前的灰色圆点，添加关键帧，如图10-41所示。

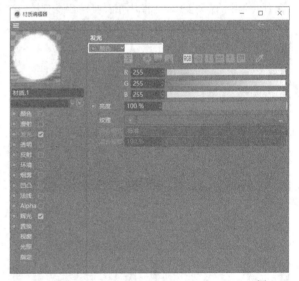

图10-41

📝 **技巧与提示**

不用打开"自动关键帧"按钮 ⊙ ，只要将灰色圆点变成红色就可以添加关键帧。

03 移动时间滑块到第20帧的位置，然后设置"颜色"为红色，并单击"颜色"前的按钮添加关键帧，如图10-42所示。

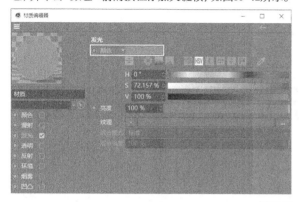

图10-42

04 移动时间滑块到第40帧的位置，然后设置"颜色"为黄色，并单击"颜色"前的按钮添加关键帧，如图10-43所示。

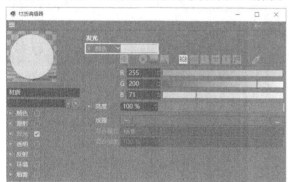

图10-43

05 移动时间滑块到第60帧的位置，设置"颜色"为蓝色，并单击"颜色"前的按钮添加关键帧，如图10-44所示。

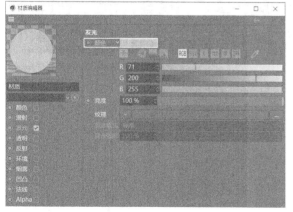

图10-44

06 移动时间滑块到第80帧的位置，设置"颜色"为紫色，并单击"颜色"前的按钮添加关键帧，如图10-45所示。

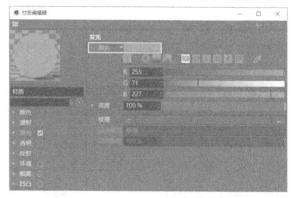

图10-45

07 移动时间滑块到第90帧的位置，设置"颜色"为白色，并单击"颜色"前的按钮添加关键帧，如图10-46所示。

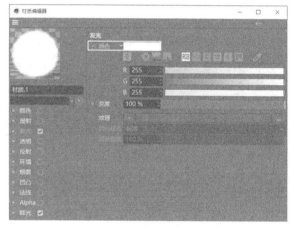

图10-46

08 滑动时间滑块，就可以看到视图窗口中灯光颜色的变化效果。任意选择4帧进行渲染，效果如图10-47所示。

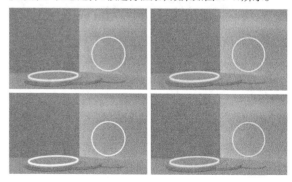

图10-47

10.3 本章小结

本章讲解了Cinema 4D的基础动画技术,需要着重掌握关键帧动画和时间线窗口。本章的内容较为简单,读者务必全部掌握。

10.4 课后习题

本节安排了两个课后习题供读者进行练习。这两个习题将本章学习的知识进行了综合运用。如果读者在练习时有疑问,可以一边观看教学视频,一边学习动画技术。

课后习题:制作齿轮转动动画

场景文件	场景文件>CH10>05.c4d
实例文件	实例文件>CH10>课后习题:制作齿轮转动动画.c4d
视频名称	课后习题:制作齿轮转动动画.mp4
学习目标	练习旋转动画的制作

为齿轮模型添加旋转关键帧,生成旋转动画,如图10-48所示。

图10-48

课后习题:制作小球显示动画

场景文件	场景文件>CH10>06.c4d
实例文件	实例文件>CH10>课后习题:制作小球显示动画.c4d
视频名称	课后习题:制作小球显示动画.mp4
学习目标	练习参数动画的制作

在小球模型的"半径"参数上添加关键帧,效果如图10-49所示。

图10-49

第 **11** 章

运动图形

　　本章将讲解 Cinema 4D 的运动图形和常用效果器。运动图形是 Cinema 4D 的特色功能，可以实现成批量的模型建造和相对复杂的动画效果。

学习目标

◇ 掌握常用的运动图形工具
◇ 掌握常用的效果器

11.1 常用的运动图形工具

"运动图形"菜单中列出了Cinema 4D里的运动图形工具，如图11-1所示。这些工具能创建复杂的模型或动画效果，从而降低模型制作的复杂程度。

图11-1

本节工具介绍

工具名称	工具作用	重要程度
克隆	以多种形式复制对象	高
矩阵	生成对象规律的复制效果	中
破碎（Voronoi）	生成对象的破碎效果	高
追踪对象	生成对象的运动轨迹	高

11.1.1 克隆

▶▶ 演示视频 078- 克隆

"克隆"工具⬢将对象按照设定的方式进行复制。复制的对象可以呈规律效果，也可以呈随机效果。"克隆"工具⬢是使用频率很高的工具，其参数面板如图11-2所示。

图11-2

模式：设置克隆的模式。系统提供了"线性""放射""对象""网格排列""蜂窝阵列"5 种模式，如图11-3所示。

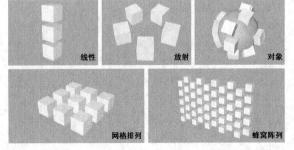

线性　　放射　　对象

网格排列　　蜂窝阵列

图11-3

数量：设置复制对象的数量。

位置.X/位置.Y/位置.Z：设置复制对象之间的距离。

半径：在"放射"模式中，设置复制对象的半径。

开始角度/结束角度：在"放射"模式中设置复制对象的旋转角度。

分布：在"对象"模式中，设置复制对象的生成位置，如图11-4所示。

图11-4

读者需要注意的是，只有在"表面"和"体积"两种位置中才能调整克隆对象的数量，其余则按照分布对象的布线位置自动生成。

种子：在"对象"模式中设置复制对象随机生成的效果。

尺寸：在"网格排列"模式中，设置复制对象之间的距离。

宽数量/高数量：在"蜂窝阵列"模式中，设置复制对象的数量。

宽尺寸/高尺寸：在"蜂窝阵列"模式中，设置复制对象之间的距离。

位置.X/位置.Y/位置.Z：设置复制对象整体的位置。

旋转.H/旋转.P/旋转.B：设置复制对象整体的旋转。

颜色：设置复制对象的颜色，默认为纯白色。

📋 课堂案例

用克隆工具制作扭曲变形圆环

场景文件	无
实例文件	实例文件>CH11>课堂案例：用克隆工具制作扭曲变形圆环.c4d
视频名称	课堂案例：用克隆工具制作扭曲变形圆环.mp4
学习目标	掌握克隆工具的用法

本案例使用"克隆"工具⬢将小球附着在一个变形扭曲的圆环上，形成复杂的模型效果，如图11-5所示。

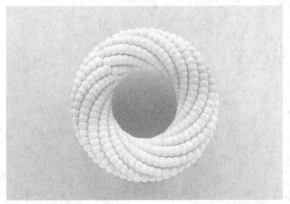

图11-5

01 使用"圆柱体"工具 █圆柱体 在场景中创建一个圆柱体模型,参数及效果如图11-6所示。在创建圆柱体时要注意,"高度分段"的参数值尽量大一些,以方便后面添加"弯曲"变形器 。

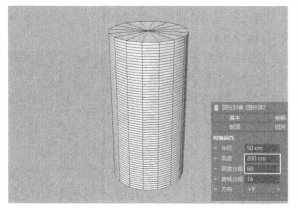

图11-6

02 在"圆柱体"模型上添加"弯曲"变形器 ,然后调整参数将其变成圆环效果,如图11-7所示。

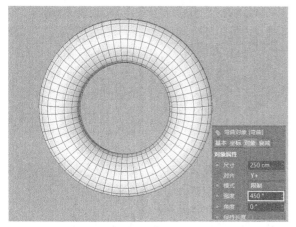

图11-7

03 添加"扭曲"变形器 扭曲 ,然后调整参数将圆环进行一定的旋转,如图11-8所示。

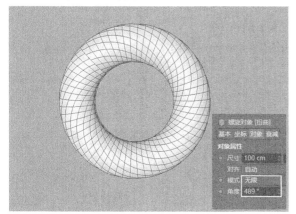

图11-8

04 观察圆环模型,由于"旋转分段"数值偏大,因此圆环扭曲后显示得不是很明显。调整圆柱体的"旋转分段"为10,效果如图11-9所示。

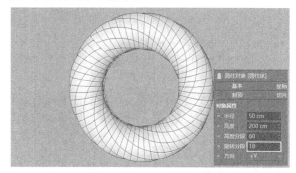

图11-9

05 新建一个"球体"模型,具体参数及效果如图11-10所示。

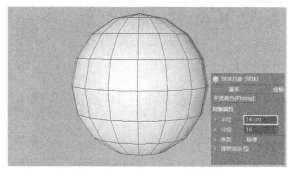

图11-10

06 单击"克隆"按钮 ,然后在"对象"面板中将"球体"放在"克隆"的子层级,如图11-11所示。

图11-11

07 选中"克隆"选项,然后在"属性"面板中设置"模式"为"对象","对象"为"圆柱体","分布"为"多边形中心",如图11-12所示。生成的模型效果如图11-13所示。

图11-12

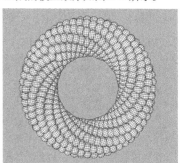

图11-13

> **技巧与提示**
>
> 在设置"对象"参数时,需要在"对象"面板选中"圆柱体"并将其向下拖曳到"对象"后的通道中。

▣ 课堂练习

用克隆工具制作楼梯台阶

场景文件	无
实例文件	实例文件>CH11>课堂练习：用克隆工具制作楼梯台阶.c4d
视频名称	课堂练习：用克隆工具制作楼梯台阶.mp4
学习目标	练习克隆工具用法

本案例使用"克隆"工具▣制作楼梯台阶模型，效果如图11-14所示。

图11-14

11.1.2 矩阵

▣ 演示视频079- 矩阵

"矩阵"工具▣▣▣与"克隆"工具▣类似，也是复制对象的一种工具，其参数面板如图11-15所示。

图11-15

模式：设置矩阵的模式。系统提供了"线性""放射""对象""网格排列""蜂窝阵列"5种模式，与"克隆"类似。

生成：设置生成为仅矩阵或TP粒子。

▣ 知识点：矩阵与克隆的区别

"矩阵"工具和"克隆"工具的参数面板基本一样，为什么不能直接使用"克隆"工具▣却还要使用"矩阵"工具▣▣▣呢？

这是因为，有时候我们只想要运动图形的位置信息，而不想受到其他效果的影响。此外，矩阵还有一个克隆对象没有的功能，那就是可以借助矩阵对象来生成TP粒子。当然，这些生成的粒子还可以使用效果器对其进行影响。

单独的矩阵无法直接渲染，一般用来配合其他对象，它和克隆对象配合使用的频率会比较高。有时候也可以利用矩阵作为破碎对象的来源，去做一些比较规则化的破碎效果。

11.1.3 破碎（Voronoi）

▣ 演示视频080- 破碎（Voronoi）

"破碎（Voronoi）"工具▣ ▣▣（Voronoi）可以将一个完整的对象随机分裂为多个碎片，通常需要配合动力学工具实现破碎效果。其参数面板如图11-16所示。

图11-16

着色碎片：将碎片以不同颜色进行显示，如图11-17所示。默认勾选该选项。

偏移碎片：设置碎片之间的距离，如图11-18所示。

图11-17　　　　　　　　　图11-18

仅外壳：勾选该选项后，模型成为空心状态。

点数量：控制模型所生成碎片的数量，如图11-19所示。

图11-19

▣ 课堂案例

用破碎（Voronoi）工具制作破碎动画

场景文件	无
实例文件	实例文件>CH11>课堂案例：用破碎（Voronoi）工具制作破碎动画.c4d
视频名称	课堂案例：用破碎（Voronoi）工具制作破碎动画.mp4
学习目标	掌握破碎（Voronoi）工具的用法

本案例需要模拟一个小球掉落地面后破碎的动画效果，如图11-20所示。

图11-20

01 在场景中新建一个球体和地面,并将球体移动到地面的上方,使它们之间产生一定的距离,如图11-21所示。

图11-21

02 长按"克隆"按钮 ,在弹出的菜单中选择"破碎(Voronoi)"选项,然后将"球体"移动到"破碎(Voronoi)"的子层级,如图11-22所示。此时球体模型显示彩色的碎片状态,如图11-23所示。

图11-22

图11-23

03 选中"破碎(Voronoi)"选项,然后在"来源"选项卡中单击"点生成器-分布",设置"点数量"为50,如图11-24所示。球体的碎片效果如图11-25所示。

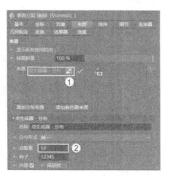

图11-24

图11-25

04 在"对象"面板选中"地板",然后单击鼠标右键,在弹出的菜单中选择"模拟标签>碰撞体"选项,如图11-26所示。此时会在"地板"的后方显示"碰撞体"的标签,如图11-27所示。

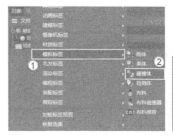

图11-26   图11-27

05 选中"破碎(Voronoi)"选项,然后单击鼠标右键,在弹出的菜单中选择"模拟标签>刚体"选项,如图11-28所示。此时会在"破碎(Voronoi)"的后方显示"刚体"的标签,如图11-29所示。

图11-28   图11-29

> **技巧与提示**
>
> "刚体" 和"碰撞体" 的相关内容请参阅"第15章 动力学技术"。

06 按F8键开始模拟动画,可以观察到小球在碰到地板模型时散落成碎块的效果,如图11-30所示。

图11-30

07 选中"刚体"标签,在"缓存"选项卡中单击"全部烘焙"按钮 ,就可以将模拟的动力学效果记录为关键帧,如图11-31所示。

图11-31

08 从场景中任意截取4帧，动画效果如图11-32所示。

图11-32

11.1.4 追踪对象

▶ 演示视频 081- 追踪对象

"追踪对象"工具  将运动对象的路径进行显示，并且可以为其添加材质，形成丰富的效果。其参数面板如图11-33所示。

图11-33

追踪模式：设置追踪对象的模式，默认为"追踪路径"。系统还提供了"连接所有对象"和"连接元素"两种模式。

类型：显示路径线条的类型，如图11-34所示。

| 线性 |
| 立方 |
| Akima |
| B-样条 |
| 贝塞尔 |

图11-34

> 📝 **技巧与提示**
>
> "追踪对象"工具 在粒子动画中使用较多，具体参见"第14章 粒子技术"中的案例。

11.2 常用的效果器

效果器可以丰富运动图形工具的效果，执行"运动图形>效果器"菜单命令，可以显示所有的效果器，如图11-35所示。

🔲 简易	🎨 着色
🎵 延迟	🔊 声音
公式	样条
继承	步幅
推散	目标
Python	时间
随机	体积
重置效果器	群组

图11-35

本节工具介绍

工具名称	工具作用	重要程度
随机	将克隆对象生成随机效果	高
推散	将克隆对象沿中心推离	中
样条	将克隆对象沿样条分布	高
步幅	将克隆对象沿设置曲线分布	高
着色	将克隆对象对应贴图形成动画效果	中

11.2.1 随机

▶ 演示视频 082- 随机效果器

"随机"效果器 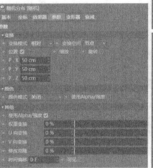 是效果器中使用频率很高的一种，可以让克隆的对象形成不同的随机效果。其参数面板如图11-36所示。

图11-36

强度：设置"随机"效果器 的作用强度，默认为100%。

随机模式：系统提供了5种类型的随机模式，如图11-37所示。默认使用"随机"效果。

| 随机 |
| 高斯(Gaussian) |
| 噪波 |
| 湍流 |
| 类别 |

图11-37

位置：勾选该选项后，可以设置对象在x轴、y轴和z轴上的随机位移。

缩放：勾选该选项后，可以设置对象在x轴、y轴和z轴上的随机缩放。勾选"等比缩放"选项后，在3个轴上会同时缩放。

旋转：勾选该选项后，可以设置对象在x轴、y轴和z轴上的随机旋转。

> 📝 **技巧与提示**
>
> 在"衰减"选项卡中添加"域"，控制随机的衰减效果。关于"域"的相关内容，请参阅"第12章 体积和域"。

用随机效果器制作旋转的灯泡

场景文件	场景文件>CH11>01.c4d
实例文件	实例文件>CH11>课堂案例：用随机效果器制作旋转的灯泡.c4d
视频名称	课堂案例：用随机效果器制作旋转的灯泡.mp4
学习目标	掌握随机效果器的用法

本案例需要为克隆的灯泡模型添加"随机"效果器 ，形成随机的旋转效果，如图11-38所示。

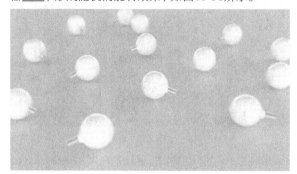

图11-38

01 打开本书学习资源中的文件"场景文件>CH11>01.c4d"，如图11-39所示，这是一个制作好的灯泡模型。

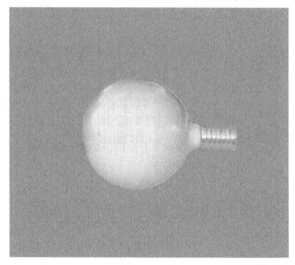

图11-39

02 选中灯泡模型，然后使用"克隆"工具复制灯泡，设置"模式"为"网格排列"，"数量"分别为4、1和4，如图11-40所示。

图11-40

03 切换到"变换"选项卡，然后设置"旋转.B"为90°，如图11-41所示。此时可以观察到克隆的灯泡模型由竖向变为横向。

图11-41

04 选中"克隆"选项，然后执行"运动图形>效果器>随机"菜单命令，就可以将"随机"效果器添加到"克隆"中，如图11-42所示。

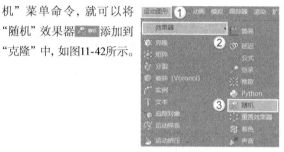

图11-42

05 选中"随机"选项，设置"P.Y"为50cm，"P.Z"为38cm，"R.P"为120°，如图11-43所示。案例最终效果如图11-44所示。

图11-43

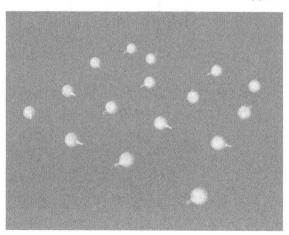

图11-44

11.2.3 样条

▶ 演示视频 084- 样条效果器

"样条"效果器 可以让对象按照样条的路径进行排列，适用于路径动画，其参数面板如图11-48所示。

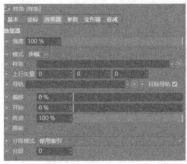

图11-48

强度：设置"样条"效果器 的作用强度，默认为100%。

样条：在通道中加载样条，克隆的对象会自动生成在样条上，如图11-49所示。

偏移：克隆的对象会沿着路径移动。

开始/终点：设置克隆对象在样条上的分布，如图11-50所示。

图11-49　　　　　　　图11-50

🖳 **课堂练习**

用随机效果器制作旋转的隧道

场景文件	无
实例文件	实例文件>CH11>课堂练习：用随机效果器制作旋转的隧道.c4d
视频名称	课堂练习：用随机效果器制作旋转的隧道.mp4
学习目标	练习随机效果器的用法

本案例在"随机"效果器 上添加参数关键帧，形成旋转的动画效果，如图11-45所示。

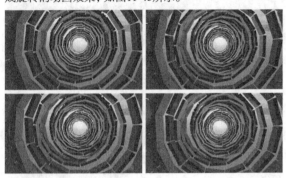

图11-45

11.2.2 推散

▶ 演示视频 083- 推散效果器

"推散"效果器 可以将对象沿着任意方向进行推离，其参数面板如图11-46所示。

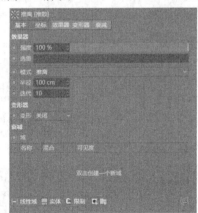

图11-46

强度：设置"推散"效果器 的作用强度，默认为100%。

模式：系统提供了6种类型的推散模式，如图11-47所示。

图11-47

半径：设置对象推离的距离。

🖳 **课堂案例**

用样条效果器制作霓虹灯

场景文件	无
实例文件	实例文件>CH11>课堂案例：用样条效果器制作霓虹灯.c4d
视频名称	课堂案例：用样条效果器制作霓虹灯.mp4
学习目标	掌握样条效果器的用法

本案例使用"样条"效果器 将克隆的小球生成在文字路径上，从而形成闪烁的霓虹灯，效果如图11-51所示。

图11-51

01 使用"文本样条"工具在场景中创建文字样条,设置"文本样条"为LOVE,"字体"为"思源黑体Bold","高度"为200cm,如图11-52所示。

图11-52

02 使用"球体"工具在场景中创建一个"半径"为10cm的球体,如图11-53所示。

图11-53

03 为"球体"添加"克隆"生成器,然后设置"模式"为"线性",如图11-54所示。

图11-54

> **技巧与提示**
>
> "数量"参数暂时先不设置,等添加了"样条"效果器后再设置。

04 选中"克隆"选项,然后执行"运动图形>效果器>样条"菜单命令,如图11-55所示。此时在"克隆"的"效果器"选项卡中就可以看到加载的"样条"效果器,如图11-56所示。

图11-55

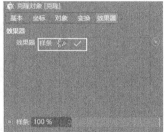

图11-56

05 选中"样条"选项,然后将"文本样条"选项向下拖曳到"样条"的通道中,如图11-57所示。这样就能观察到克隆的球体模型附着在文字样条上,如图11-58所示。

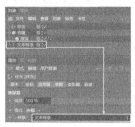

图11-57

图11-58

06 选中"克隆"选项,然后调整"数量"为20,会发现克隆的小球只出现在L的样条上,如图11-59所示。

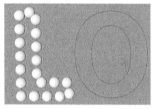

图11-59

07 选中"样条"选项,然后设置"分段模式"为"完整间距",将克隆的球体模型分布到其他字母样条上,如图11-60所示。

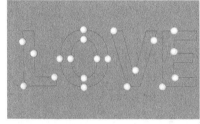

图11-60

08 返回"克隆"选项,继续调整"数量"为100,案例最终效果如图11-61所示。

图11-61

11.2.4 步幅

▶ 演示视频085- 步幅效果器

"步幅"效果器会使克隆的对象按照设置的样条逐渐形成不同的大小,其参数面板如图11-62所示。

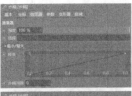

图11-62

强度：设置"步幅"效果器  的作用强度，默认为100%。

样条：在面板中设置曲线，从而控制克隆对象的样式，如图11-63所示。

图11-63

11.2.5 着色

▶ 演示视频 086- 着色效果器

"着色"效果器 可以让克隆的对象按照加载的贴图样式进行生成，同时也可以将其制作成动画效果，参数面板如图11-64所示。

图11-64

着色器：在通道中加载贴图，克隆的对象会按照贴图的样式生成克隆效果，如图11-65所示。

图11-65

11.3 本章小结

本章讲解了Cinema 4D的运动图形，包括常用的运动图形工具和效果器。运动图形的用法非常灵活且功能强大，不仅可以制作静态效果，也可以制作动画效果。读者

在学习时只有理解工具的含义，才能灵活使用。本章内容很重要，请读者务必掌握。

11.4 课后习题

本节安排了两个课后习题供读者进行练习。这两个习题将本章学习的知识进行了综合运用。如果读者在练习时有疑问，可以一边观看教学视频，一边学习运动图形。

课后习题：制作创意文字模型

场景文件	无
实例文件	实例文件>CH11>课后习题：制作创意文字模型.c4d
视频名称	课后习题：制作创意文字模型.mp4
学习目标	练习克隆工具的使用

使用"克隆"工具 将立方体附着在文字模型表面，形成艺术化的效果，如图11-66所示。

图11-66

课后习题：制作克隆的小球

场景文件	无
实例文件	实例文件>CH11>课后习题：制作克隆的小球.c4d
视频名称	课后习题：制作克隆的小球.mp4
学习目标	练习克隆和随机效果器的使用

使用"克隆"工具 将小球克隆多个，并使用"随机"效果器 调整小球的位置和大小，效果如图11-67所示。

图11-67

第 12 章

体积和域

　　本章将讲解 Cinema 4D 的体积和域的相关概念。体积可以理解为加强版的布尔运算，在制作复杂的模型时，可以减少制作步骤。域则可以理解为一个区域，在这个区域内可以让某些工具产生相应的用途。

学习目标

◇ 掌握体积模型的制作方法

◇ 熟悉常用的域

12.1 体积

"体积"菜单中列出了Cinema 4D里的两种体积工具，分别是"体积生成"和"体积网格"，如图12-1所示。

图12-1

本节工具介绍

工具名称	工具作用	重要程度
体积生成	生成体积模型	高
体积网格	将体积模型实体化	高

12.1.1 体积生成

▶ 演示视频 087- 体积生成

"体积生成"工具 可以将多个对象合并为一个新的对象，但这个对象不能被渲染。"体积生成"可以理解为一种高级的布尔运算，所生成的模型效果更好，布线也更均匀。图12-2所示是"体积生成"参数面板。

图12-2

体素类型：设置体积模型的类型。系统提供"SDF""雾""矢量"3种类型，如图12-3所示。

图12-3

体素尺寸：设置生成模型的精度，数值越小，模型精度越高。

> **技巧与提示**
>
> 需要注意，如果"体素尺寸"设置太小，系统会发出警告，并且可能会造成系统崩溃。

对象：显示需要合成的对象。

模式：显示对象间的合成模式，系统提供"加""减""相交"3种模式，如图12-4所示。

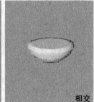

图12-4

SDF平滑：单击此按钮 ，会在"对象"中增加"SDF平滑"层，对象会形成平滑效果，如图12-5所示。

图12-5

强度：设置模型平滑的强度。

执行器：设置平滑的模式，默认为"高斯"。

体素距离：设置平滑的大小，数值越大，平滑效果越明显，对比效果如图12-6所示。

图12-6

12.1.2 体积网格

▶ 演示视频 088- 体积网格

"体积网格"工具 为"体积生成"工具 所形成的对象添加网格，形成实体模型。添加了"体积网格"的对象才可以被渲染。图12-7所示是"体积网格"参数面板。

图12-7

体素范围阈值：设置网格生成的大小，一般保持默认即可。

自适应：设置模型布线的多少，默认为0%。

课堂案例

用体积生成制作融化的冰块

场景文件	无
实例文件	实例文件>CH12>课堂案例：用体积生成制作融化的冰块.c4d
视频名称	课堂案例：用体积生成制作融化的冰块.mp4
学习目标	掌握体积生成和体积网格工具的用法

本案例使用"体积生成"工具📦制作一块融化的冰块，并使用"体积网格"工具📦 体积网格为其添加网格，模型效果如图12-8所示。

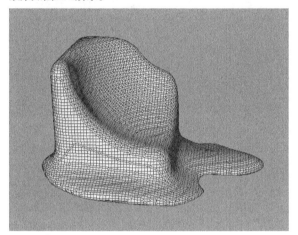

图12-8

⓵ 使用"立方体"工具 ▣立方体 在场景中创建一个立方体模型，参数及效果如图12-9所示。

图12-9

⓶ 使用"球体"工具 ●球体 在立方体上方创建一个球体模型，参数及效果如图12-10所示。

图12-10

⓷ 使用"圆柱体"工具 ▣圆柱体 在立方体下方创建一个圆柱体模型，然后将其转换为可编辑对象，并使用"笔刷"工具 ✎笔刷 调整为图12-11所示的效果。

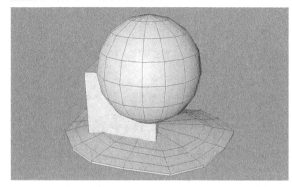

图12-11

⓸ 单击"体积生成"按钮📦，然后将之前制作好的3个对象都放在其子层级中，如图12-12所示。

图12-12

⓹ 选中"体积生成"选项，然后设置"体素类型"为SDF，"体素尺寸"为5cm，"圆柱体"的"模式"为"加"，"球体"的"模式"为"减"，如图12-13所示。

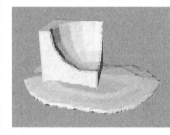

图12-13

⓺ 此时生成的模型还存在很多棱角，表面不够圆滑。单击"SDF平滑"按钮📦 SDF平滑 添加平滑效果，如图12-14所示。

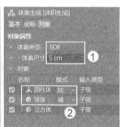

图12-14

⓻ 生成的模型效果合适，但无法被渲染。长按"体积生成"按钮📦，在弹出的菜单中选择"体积网格"选项，如图12-15所示。

图12-15

08 在"对象"面板中将"体积生成"放置在"体积网格"的子层级，就可以生成带网格的实体模型，如图12-16所示。相比"布尔"生成器 ◎ 布尔 生成的模型，使用"体积生成"工具 ❖ 制作的模型更加精细，且模型的布线都是四边面，使后续的操作更加方便。

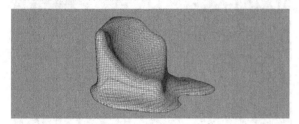

图12-16

📝 **技巧与提示**

添加"体积网格" ❖ 体积网格 之前建议不要采用"光影着色（线条）"模式，否则容易造成软件卡顿或系统崩溃。

🖱 **课堂练习**

用体积生成制作融化的雪糕

场景文件　　无
实例文件　　实例文件>CH12>课堂练习：用体积生成制作融化的雪糕.c4d
视频名称　　课堂练习：用体积生成制作融化的雪糕.mp4
学习目标　　练习体积生成和体积网格的使用

本案例使用"体积生成"工具 ❖ 制作融化的雪糕模型，效果如图12-17所示。

图12-17

12.2 域

在Cinema 4D R20之前的版本中，衰减效果是内置在其他工具中的，而Cinema 4D R20版本则将这些衰减效果集合为"域"，以便用户调用。域常见的用法是配合"体积生成"形成不同的模型形态或配合粒子形成不同的动力学效果。图12-18所示是域的面板。

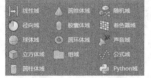

图12-18

本节工具介绍

工具名称	工具作用	重要程度
线性域	生成线性衰减范围	高
随机域	生成随机衰减范围	高

12.2.1 线性域

▶️ 演示视频 089- 线性域

"线性域"工具 ⬛ 用于在场景中生成一个线性的衰减区域，其参数面板如图12-19所示。

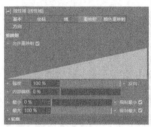

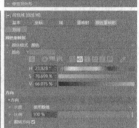

图12-19

类型：设置域的种类，如图12-20所示。

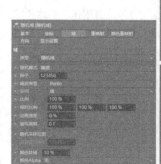

图12-20

长度：设置线性域的长度。
方向：设置线性域的方向。

12.2.2 随机域

▶️ 演示视频 090- 随机域

"随机域"工具 ⬛ 用于在场景中生成一个立方体的控制器，在这个控制器中会显示随机的衰减效果，其参数面板如图12-21所示。

图12-21

类型：设置域的种类。

随机模式：设置随机衰减的类型，如图12-22所示。

图12-22

种子：设置衰减的随机分布。

噪波类型：在"噪波"模式下设置噪波的类型，如图12-23所示。

图12-23

比例：设置随机分布的全局比例。

📇 课堂案例

用随机域制作饼干

场景文件	无
实例文件	实例文件>CH12>课堂案例：用随机域制作饼干.c4d
视频名称	课堂案例：用随机域制作饼干.mp4
学习目标	掌握随机域的用法

本案例用"圆柱体"工具 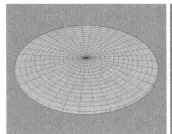 和"随机域"工具 制作饼干模型，案例效果如图12-24所示。

图12-24

01 使用"圆柱体"工具 在场景中创建一个圆柱体模型，其参数及效果如图12-25所示。

图12-25

02 为上一步创建的圆柱体添加"体积生成"工具 ，设置"体素类型"为"雾"，"体素尺寸"为3cm，如图12-26所示。

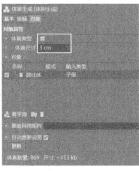

图12-26

03 长按"线性域"按钮 ，然后在弹出的菜单中选择"随机域"选项，将"随机域"放置于"体积生成"的子层级，如图12-27和图12-28所示。

图12-27　　　　　　　　图12-28

04 在"体积生成"的"属性"面板中选中"随机域"选项，设置"随机域"的"模式"为"减"，"创建空间"为"对象以下"，如图12-29所示。此时模型效果如图12-30所示。

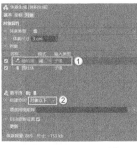

图12-29　　　　　　　　图12-30

05 为了直观地观察模型的效果，为整体模型添加"体积网格"工具 ，生成实体模型，如图12-31所示。

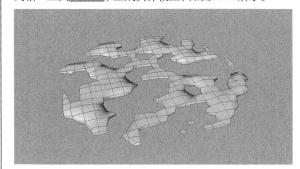

图12-31

⑥ 在"对象"面板选中"随机域"选项，设置"噪波类型"为VL Noise，"比例"为34％，"相对比例"为70％，如图12-32所示。模型最终效果如图12-33所示。

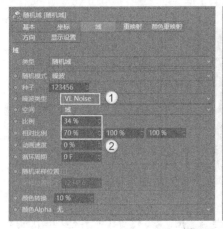

图12-32

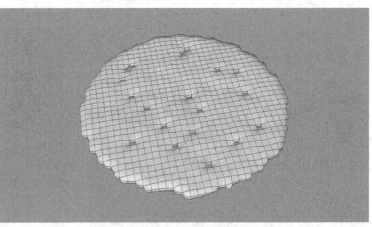

图12-33

12.3 本章小结

本章讲解了Cinema 4D的体积和域的相关用法。体积的用法很灵活，可以生成复杂的模型效果。域则相对复杂一些，理解起来更加抽象。本章内容读者只需要熟悉即可。

12.4 课后习题

本节安排了两个课后习题供读者进行练习。这两个习题将本章学习的知识进行了综合运用。如果读者在练习时有疑问，可以一边观看教学视频，一边学习体积和域的相关知识。

课后习题：制作异形花瓶

场景文件	无
实例文件	实例文件>CH12>课后习题：制作异形花瓶.c4d
视频名称	课后习题：制作异形花瓶.mp4
学习目标	掌握体积模型的制作方法

用"体积生成"工具 将变形后的管状体和立方体相结合，形成异形花瓶，如图12-34所示。

图12-34

课后习题：制作卡通树模型

场景文件	无
实例文件	实例文件>CH12>课后习题：制作卡通树模型.c4d
视频名称	课后习题：制作卡通树模型.mp4
学习目标	练习体积生成工具的使用

使用"体积生成"工具 将弯曲后的胶囊模型与原有的胶囊模型相结合，再将其旋转为螺旋效果，如图12-35所示。

图12-35

第 **13** 章

毛发技术

本章将讲解 Cinema 4D 的毛发技术。Cinema 4D 的毛发可以模拟布料、刷子、头发和草坪等模型，通过引导线和毛发材质相互作用，进而形成逼真的模型效果。

学习目标

◇ 掌握添加毛发的方法

◇ 掌握毛发材质的调整方法

13.1 毛发技术

"模拟"菜单中有与毛发相关的命令，如图13-1所示。这些命令不仅可以创建毛发，还可以对毛发进行属性上的修改。

图13-1

13.1.1 添加毛发

▶ 演示视频 091– 添加毛发

选中需要添加毛发的对象，然后执行"模拟>毛发对象>添加毛发"菜单命令，即可为对象添加毛发，添加的毛发会以引导线的形式呈现，如图13-2所示。

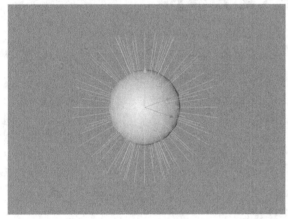

图13-2

在"属性"面板中可调节毛发的相关属性，如图13-3所示。下面将讲解重要的参数选项卡。

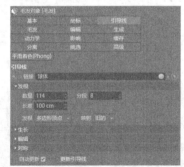

图13-3

> 📝 技巧与提示
>
> 在创建毛发模型的同时，会在"材质"面板中创建相关联的毛发材质。

13.1.2 编辑毛发

▶ 演示视频 092– 编辑毛发

毛发的效果需要通过"属性"面板的参数和毛发材质两部分共同决定。本小节就为读者讲解"属性"面板的一些重要参数选项卡。

1.引导线

"引导线"选项卡用来设置毛发引导线的相关参数，如图13-4所示。通过引导线，用户能直观地观察毛发的生长形状。

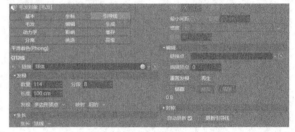

图13-4

链接：设置生长毛发的对象。

数量：设置引导线的显示数量。

分段：设置引导线的分段。

长度：设置引导线的长度，即毛发的长度。

发根：设置发根生长的位置，如图13-5所示。

生长：设置毛发生长的方向，默认为对象的法线方向。

多边形
多边形区域
多边形中心
多边形顶点
多边形边
UV
UV 螺旋
自定义

图13-5

2.毛发

"毛发"选项卡用来设置毛发生长的数量、分段等信息，如图13-6所示。

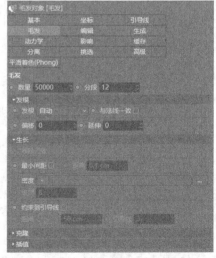

图13-6

数量： 设置毛发的渲染数量，如图13-7所示。

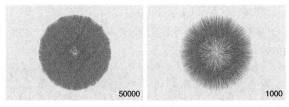

50000   1000

图13-7

分段： 设置毛发的分段。

发根： 设置毛发的分布形式。

偏移： 设置发根与对象表面的距离，如图13-8所示。

图13-8

最小间距： 设置毛发间距，也可以加载贴图进行控制。图13-9所示是"距离"为100cm时模型的效果。

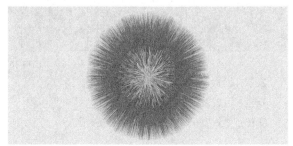

图13-9

3.编辑

"编辑"选项卡用来设置毛发的显示效果，如图13-10所示。

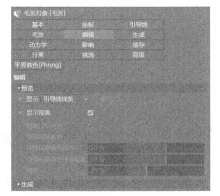

图13-10

显示： 设置毛发在视图中显示的效果，如图13-11所示。

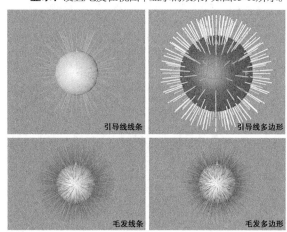

引导线线条   引导线多边形

毛发线条   毛发多边形

图13-11

生成： 设置毛发显示的样式，默认为"与渲染一致"选项。

13.2 毛发材质

演示视频093- 毛发材质

当创建毛发模型时，会在"材质"面板自动创建相对应的毛发材质。双击毛发材质会打开"材质编辑器"面板，如图13-12所示。比起普通材质的"材质"面板，毛发材质的属性会更多。

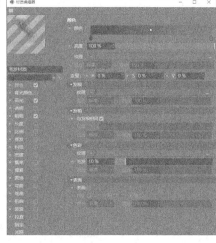

图13-12

本节工具介绍

工具名称	工具作用	重要程度
颜色	设置毛发颜色	高
高光	设置毛发的高光颜色	中
粗细	设置发根与发梢的粗细	高
长度	设置毛发的长度	高
集束	将毛发形成集束的效果	中
弯曲	将毛发进行弯曲	中
卷曲	将毛发进行卷曲	中

13.2.1 颜色

"颜色"选项用于设置毛发的颜色和纹理效果,如图13-13所示。

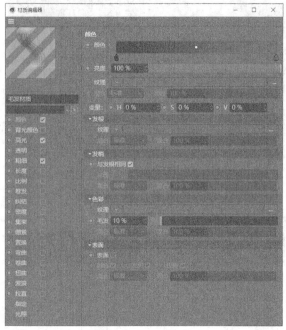

图13-13

颜色:毛发的颜色,通常用渐变色条进行设置。

亮度:设置材质颜色显示的程度。当设置为0%时为纯黑色,100%时为材质的颜色,超过100%时为自发光效果。

纹理:为材质加载内置纹理或外部贴图的通道。

13.2.2 高光

"高光"选项用于设置毛发的高光颜色,默认为白色,如图13-14所示。

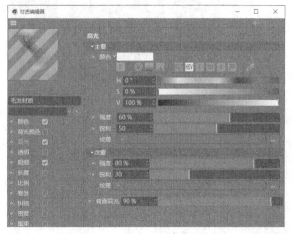

图13-14

颜色:设置毛发的高光颜色,白色表示反光为最强。

强度:设置毛发的高光强度。

锐利:设置高光与毛发的过渡效果,数值越大,边缘越锐利,如图13-15所示。

图13-15

13.2.3 粗细

"粗细"选项用于设置发根与发梢的粗细,如图13-16所示。

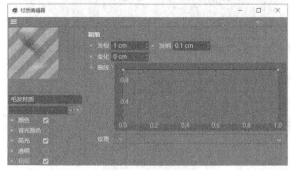

图13-16

发根:设置发根的粗细数值。

发梢:设置发梢的粗细数值。

变化:设置发根到发梢粗细的数值变化。

13.2.4 长度

"长度"选项用于设置毛发的长度和变化,如图13-17所示。

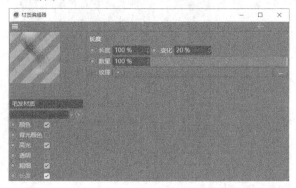

图13-17

长度：设置毛发长度。

变化：设置毛发长度变化的程度，数值越大，毛发长度差距越大，对比效果如图13-18所示。

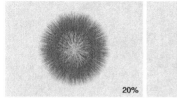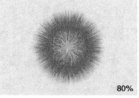

图13-18

数量：设置毛发长度进行变化的数量。

13.2.5 集束

"集束"选项用于将毛发形成集束的效果，参数面板如图13-19所示。

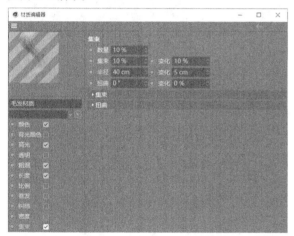

图13-19

数量：设置毛发需要集束的数量。

集束：设置毛发集束的程度，数值越大，集束效果越明显，对比效果如图13-20所示。

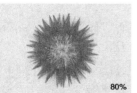

图13-20

半径：设置集束的半径，对比效果如图13-21所示。

图13-21

13.2.6 弯曲

"弯曲"选项用于将毛发进行弯曲，参数面板如图13-22所示。

图13-22

弯曲：设置毛发弯曲的程度，对比效果如图13-23所示。

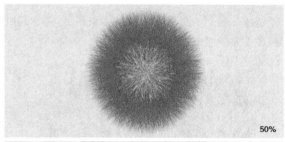

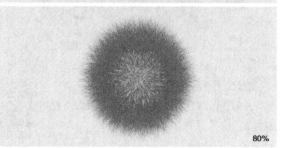

图13-23

变化：设置毛发在弯曲时的差异性。

总计：设置需要弯曲的毛发数量。

方向：设置毛发弯曲的方向，包括"随机""局部""全局""对象"4种方式。

轴向：设置毛发弯曲的方向。

> 📝 技巧与提示
>
> 在"材质编辑器"面板中调整毛发属性时，毛发模型的引导线并不会随之变化，需要通过渲染观察毛发效果。

13.2.7 卷曲

"卷曲"选项用于将毛发进行卷曲，参数面板如图13-24所示。

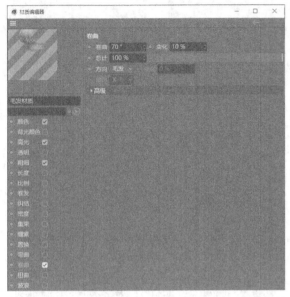

图13-24

卷曲：控制毛发卷曲的角度，数值越大，卷曲越明显，对比效果如图13-25所示。

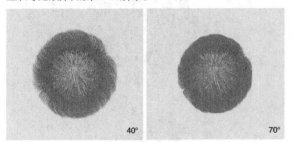

40°   70°

图13-25

变化：控制毛发卷曲时的随机变化效果。

方向：控制毛发卷曲的方向，可以在下拉列表中进行选择，如图13-26所示。

全局
局部
随机
毛发

图13-26

轴向：当"方向"设置为"局部"时激活该选项。

📋 课堂案例

用毛发制作绒毛玩偶

场景文件	无
实例文件	实例文件>CH13>课堂案例：用毛发制作绒毛玩偶.c4d
视频名称	课堂案例：用毛发制作绒毛玩偶.mp4
学习目标	练习创建毛发和调整毛发材质的方法

本案例需要给一个简单的玩偶模型添加毛发，并调节毛发的材质，如图13-27所示。

图13-27

01 使用"球体"工具 在场景中创建一个球体模型，其参数及效果如图13-28所示。

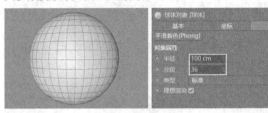

图13-28

02 按C键，将上一步创建的球体转换为可编辑对象，然后选中球体的上半部分进行拉伸，此时模型会呈现卵形，如图13-29所示。

图13-29

03 切换到右视图，然后将模型进行压缩，效果如图13-30所示。

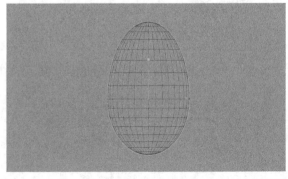

图13-30

04 使用"球体"工具 在模型上创建两个小的球体作为眼睛，参数及效果如图13-31所示。

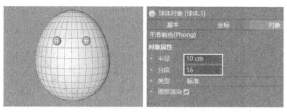

图13-31

05 使用"弧线"工具 在眼睛下方绘制一个弧形样条作为嘴巴，参数及效果如图13-32所示。

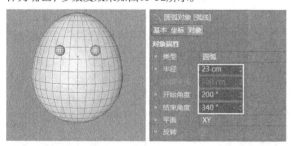

图13-32

06 使用"圆环"工具 绘制一个"半径"为2cm的圆环，然后对其与上一步绘制的弧形进行扫描，如图13-33所示。

图13-33

07 使用"圆环面"工具 在场景中创建一个圆环面模型，参数及效果如图13-34所示。

图13-34

08 选中作为身体的球体模型，然后执行"模拟>毛发对象>添加毛发"菜单命令，在球体模型上添加毛发，如图13-35所示。

图13-35

09 在"引导线"选项卡中，设置"数量"为10000，"长度"为7cm，如图13-36所示。

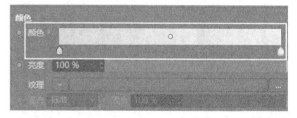

图13-36

技巧与提示

球体的原有面数不够，需要对其添加"细分曲面"生成器 后再转换为可编辑对象。

10 在"颜色"选项中设置"颜色"为深黄色到浅黄色，如图13-37所示。

图13-37

11 在"高光"选项中设置"强度"为50%，"锐利"为50，如图13-38所示。

图13-38

189

⑫ 在"粗细"选项中设置"发根"为2.5cm，"变化"为0.5cm，"发梢"为0.2cm，然后调整下方的曲线为图13-39所示的效果。

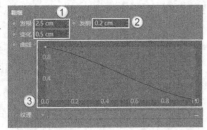

图13-39

⑬ 在"长度"选项中设置"变化"为80%，如图13-40所示。

图13-40

⑭ 在"弯曲"选项中设置"弯曲"为40%，"变化"为20%，如图13-41所示。

⑮ 在"卷曲"选项中设置"卷曲"为20°，"变化"为10%，如图13-42所示。

图13-41　　　　　　　　图13-42

⑯ 渲染场景查看毛发效果，如图13-43所示。

图13-43

⑰ 新建一个默认材质，设置"颜色"为毛发的深黄色，然后将材质赋予身体模型，渲染效果如图13-44所示。

图13-44

⑱ 为圆环面模型添加毛发，然后设置"长度"为7cm，如图13-45所示。

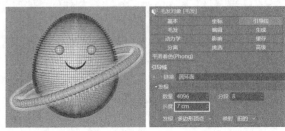

图13-45

⑲ 将黄色的毛发材质复制一份，修改"颜色"为黑色渐变，然后将其赋予圆环面的毛发对象，如图13-46所示。

图13-46

⑳ 新建一个黑色的默认材质，然后将其赋予眼睛、嘴巴和圆环面模型，渲染效果如图13-47所示。

图13-47

㉑ 在场景中创建地板、背景、天空和灯光，最终渲染效果如图13-48所示。

图13-48

用毛发制作化妆刷

场景文件	场景文件>CH13>01.c4d
实例文件	实例文件>CH13>课堂案例：用毛发制作化妆刷.c4d
视频名称	课堂案例：用毛发制作化妆刷.mp4
学习目标	练习创建毛发和调整毛发材质的方法

本案例需要在一个化妆刷模型上制作刷子的毛发，效果如图13-49所示。

图13-49

01 打开本书学习资源中的"场景文件>CH13>01.c4d"文件，如图13-50所示，这是化妆刷的刷柄。

图13-50

02 在"多边形"模式 中选中图13-51所示的多边形，然后执行"模拟>毛发对象>添加毛发"菜单命令，就可以为选中的部分模型添加毛发，如图13-52所示。

图13-51　　　　　　　　　图13-52

03 在"属性"面板中设置毛发的"长度"为8cm，如图13-53所示。

04 双击打开"毛发材质"面板，在"颜色"选项中设置"颜色"为黑色到灰色的渐变，如图13-54所示。

图13-53　　　　　　　　　图13-54

05 在"高光"选项中设置"强度"为40%，如图13-55所示。

06 在"粗细"选项中设置"发根"为1cm，"变化"为0.2cm，"发梢"为0.1cm，并调整"曲线"为图13-56所示的效果。

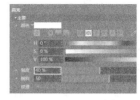
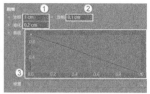

图13-55　　　　　　　　　图13-56

07 在"长度"选项中设置"变化"为5%，然后在"纹理"中添加"渐变"贴图，如图13-57所示。

08 在"渐变"贴图中，设置"渐变"为白色到黑色的渐变，"类型"为"二维-圆形"，如图13-58所示。

图13-57　　　　　　　　　图13-58

09 在"弯曲"选项中设置"弯曲"为30%，"变化"为10%，然后勾选"从发根"选项，并调整"强度"的曲线，如图13-59所示。

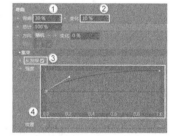

图13-59

10 渲染场景，观察毛发效果，如图13-60所示。

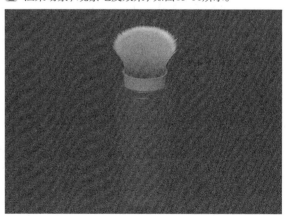

图13-60

⓫ 在场景中添加背景和灯光，最终渲染效果如图13-61所示。

图13-61

📖 课堂练习

用毛发制作草地

场景文件	场景文件>CH13>02.c4d
实例文件	实例文件>CH13>课堂练习：用毛发制作草地.c4d
视频名称	课堂练习：用毛发制作草地.mp4
学习目标	练习创建毛发和调整毛发材质的方法

本案例为一个山体模型添加毛发模拟草地效果，如图13-62所示。

图13-62

13.3 本章小结

本章主要讲解了Cinema 4D的毛发技术，介绍了毛发的添加方法和材质的设置方法。本章内容较为简单，读者应多加练习。

13.4 课后习题

本节安排了两个课后习题供读者进行练习。这两个习题将本章学习的知识进行了综合运用。如果读者在练习时有疑问，可以一边观看教学视频，一边学习毛发技术。

课后习题：制作毛绒靠垫

场景文件	场景文件>CH13>03.c4d
实例文件	实例文件>CH13>课后习题：制作毛绒靠垫.c4d
视频名称	课后习题：制作毛绒靠垫.mp4
学习目标	练习毛发的创建和材质调整的方法

在一个靠垫模型上添加毛发，形成毛绒效果，如图13-63所示。

图13-63

课后习题：制作毛绒挂饰

场景文件	无
实例文件	实例文件>CH13>课后习题：制作毛绒挂饰.c4d
视频名称	课后习题：制作毛绒挂饰.mp4
学习目标	练习毛发的创建和材质调整的方法

制作一个球形的毛绒挂饰，效果如图13-64所示。

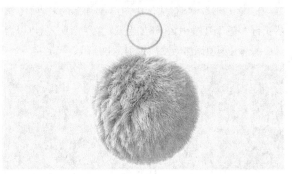

图13-64

第 14 章

粒子技术

本章讲解 Cinema 4D 的粒子技术。粒子技术通过设置粒子的相关参数，模拟密集对象群的运动，从而形成复杂的动画效果。

学习目标

◇ 掌握粒子发射器

◇ 了解力的使用

14.1 粒子发射器

▶️ 演示视频 094- 粒子发射器

先通过"发射器"生成粒子，然后通过属性模拟粒子的一些生成状态，再通过"烘焙粒子"将其生成为关键帧动画。

本节工具介绍

工具名称	工具作用	重要程度
发射器	模拟粒子的生成和效果	高
烘焙粒子	将模拟的粒子烘焙为关键帧动画	高

14.1.1 粒子发射器的建立

执行"模拟>粒子>发射器"菜单命令，可以在场景中创建一个发射器，如图14-1和图14-2所示。

图14-1　　　　　　　　图14-2

📝 **技巧与提示**

拖曳"时间线"的滑块可以预览粒子的效果。

14.1.2 粒子的属性

选中视窗中的发射器后，会在"属性"面板显示与其相关的参数，如图14-3所示。

图14-3

编辑器生成比率：设置发射器发射粒子的数量。

渲染器生成比率：设置粒子在渲染过程中实际生成粒子的数量，一般情况下渲染器生成比率和编辑器生成比率的值是一样的。

可见：设置粒子在视图中可视化的百分比数量。

投射起点：设置粒子发射的起始帧数。

投射终点：设置粒子发射的末尾帧数。

生命：设置粒子寿命，并对粒子寿命进行随机变化。

速度：设置粒子的运动速度，并对粒子的速度进行随机变化。

旋转：设置粒子的旋转方向，并对粒子的旋转进行随机变化，如图14-4所示。

图14-4

终点缩放：设置粒子在运动结束前的缩放比例大小，并对粒子的缩放比例进行随机变化，如图14-5所示。

图14-5

切线：勾选该选项后，发出的粒子方向将与z轴水平对齐，如图14-6所示。

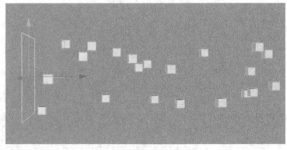

图14-6

显示对象：显示场景中替换粒子的对象。

渲染实例：勾选该选项后，把发射器变成可以编辑的对象或者直接选中发射器并按C键，发射的粒子都会变成渲染实例对象。

发射器类型：包括"圆锥"和"角锥"两种发射器的类型。

水平尺寸/垂直尺寸：设置发射器的大小。

水平角度/垂直角度：设置发射器的角度。

14.1.3 烘焙粒子

当模拟了粒子效果后，需要将模拟的效果转换为关键帧动画，这时候就需要使用"烘焙粒子"。执行"模拟>粒子>烘焙粒子"菜单命令，打开"烘焙粒子"面板，如图14-7所示。

图14-7

起点/终点：设置烘焙粒子的帧范围。

每帧采样：设置粒子采样的质量。

烘焙全部：设置烘焙帧的频率。

14.2 力场

"模拟>力场"菜单中全部都是力场的相关属性，如图14-8所示。

图14-8

本节工具介绍

工具名称	工具作用	重要程度
吸引场	模拟粒子间的吸引与排斥	中
偏转场	模拟粒子间的反弹	高
破坏场	模拟粒子消失	中
域力场	添加域的范围控制粒子	中
摩擦力	模拟粒子间的摩擦	中
重力场	为粒子添加重力	高
旋转	模拟粒子旋转	高
湍流	模拟粒子的随机抖动	高
风力	为粒子添加风力	高

14.2.1 吸引场

▶ 演示视频 095- 吸引场

"吸引场" ✳ 吸引场 在旧版本中叫作"引力"，用于对粒子产生吸引或排斥的效果，如图14-9所示。

图14-9

强度：设置粒子吸附和排斥的效果。当数值是正值时为吸附效果，当数值是负值时为排斥效果。

速度限制：限制粒子与引力之间的距离。数值越小，粒子与引力产生的距离效果越弱；数值越大，粒子与引力产生的距离效果越强。

模式：通过引力的"加速度"和"力"两种模式去影响粒子的运动效果，一般默认为"加速度"即可。

域：通过添加不同形式的域来设置引力的衰减效果，如图14-10所示。

图14-10

14.2.2 偏转场

▶ 演示视频 096- 偏转场

"偏转场" ⚪ 偏转场 在旧版本中叫作"反弹"，用于对粒子产生反弹的效果，如图14-11所示。

图14-11

弹性：设置弹力，数值越大，弹力效果越好。

分裂波束：勾选此选项后，可对部分粒子进行反弹。

水平尺寸/垂直尺寸：设置弹力形状的尺寸。

14.2.3 破坏场

▶ 演示视频 097- 破坏场

"破坏场" ✖ 破坏场 的作用是当粒子在接触破坏力场时，粒子可以自行消失，如图14-12所示。

图14-12

随机特性：设置粒子在接触破坏力场时消失的数量。数值越小，粒子消失的数量越多；数值越大，粒子消失的数量越少。

尺寸：设置破坏力场的尺寸大小，如图14-13所示。

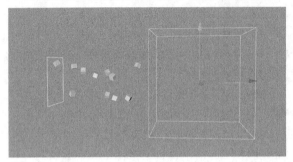

图14-13

14.2.4 域力场

▶ 演示视频 098- 域力场

"域力场" 域力场 是新添加的力场，通过域的范围对粒子进行控制，如图14-14所示。

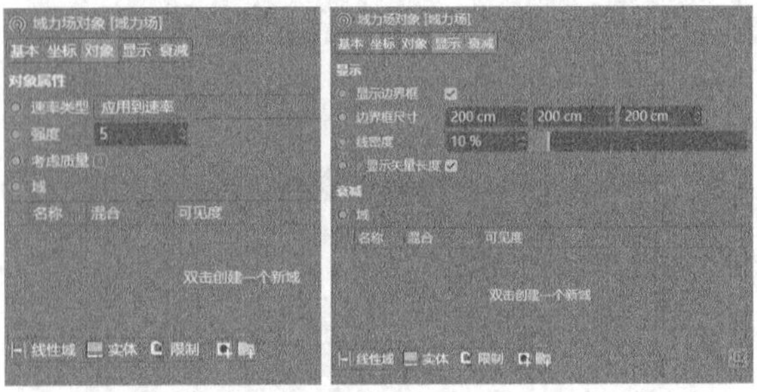

图14-14

速率类型：设置粒子的速率类型，如图14-15所示。

| 应用到速率 |
| 设置绝对速率 |
| 改变方向 |

图14-15

强度：设置改变速率的强度。

域：添加不同类型的域，从而控制粒子的运动范围。

14.2.5 摩擦力

▶ 演示视频 099- 摩擦力

"摩擦力" 摩擦力 用于对粒子在运动过程中产生阻力效果，如图14-16所示。

图14-16

强度：设置粒子在运动中的阻力效果，数值越大，阻力效果越强。

角度强度：设置粒子在运动中的角度变化效果，数值越大，角度变化越小。

14.2.6 重力场

▶ 演示视频 100- 重力场

"重力场" 重力场 使粒子在运动过程中产生下落的效果，如图14-17所示。

图14-17

加速度：设置粒子在重力作用下的运动速度。加速度数值越大，粒子的重力速度与效果越明显；加速度数值越小，粒子的重力速度与效果越不明显。

模式：通过重力的"加速度""力""空气动力学风"3种模式影响粒子的重力效果，一般默认为"加速度"即可。

14.2.7 旋转

▶ 演示视频 101- 旋转

"旋转" 旋转 使粒子在运动过程中产生旋转的力场，如图14-18所示。

图14-18

角速度：设置粒子在运动中的旋转速度，数值越大，粒子在运动中旋转的速度越快。

模式：通过旋转的"加速度""力""空气动力学风"3种模式影响粒子的旋转效果，一般默认为"加速度"即可。

14.2.8 湍流

▶ 演示视频 102– 湍流

"湍流" 使粒子在运动过程中产生随机的抖动效果，如图14-19所示。

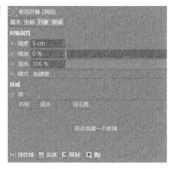

图14-19

强度：设置湍流对粒子的作用强度。数值越大，湍流对粒子的作用效果越明显。

缩放：设置粒子在湍流缩放下产生聚集或散开的效果。数值越大，聚集或散开的效果越明显。

频率：设置粒子的抖动幅度和次数。频率越高，粒子抖动的幅度和效果越明显。

模式：通过湍流的"加速度""力""空气动力学风"3种模式影响粒子的抖动效果，一般默认为"加速度"即可。

14.2.9 风力

▶ 演示视频 103– 风力

"风力" 用于设置粒子在风力作用下的运动效果，如图14-20所示。

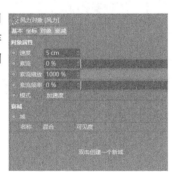

图14-20

速度：设置风力的速度。速度数值越大，风力对粒子运动的作用效果越强烈。

紊流：设置粒子在风力运动下的抖动效果。数值越大，粒子抖动效果越明显。

紊流缩放：设置粒子在风力运动下抖动时的聚集或散开效果。

紊流频率：设置粒子的抖动幅度和次数。频率越高，粒子抖动的幅度和效果越明显。

模式：通过风力的"加速度""力"和"空气动力学风"3种模式影响粒子的抖动效果，一般默认为"加速度"即可。

📖 课堂案例

用粒子制作运动光线

场景文件　无
实例文件　实例文件>CH14>课堂案例：用粒子制作运动光线.c4d
视频名称　课堂案例：用粒子制作运动光线.mp4
学习目标　练习粒子发射器、追踪对象和吸引场的使用

本案例使用"发射器" 、"球体" 和"追踪对象" 等模拟光线动画，如图14-21所示。

图14-21

① 使用"发射器"工具 在场景的左上角创建一个发射器，如图14-22所示。

图14-22

② 在"发射器"的"属性"面板中设置"编辑器生成比率"和"渲染器生成比率"都为500，"速度"为300cm，"变化"为50%，"终点缩放"的"变化"为20%，如图14-23所示。生成的粒子效果如图14-24所示。

图14-23

图14-24

03 在场景中创建一个"半径"为0.5cm的球体，然后将其放在"发射器"的子层级，如图14-25所示。

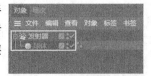

图14-25

04 在"发射器"的"属性"面板中勾选"显示对象"和"渲染实例"选项，将原有的粒子替换为创建的小球模型，如图14-26所示。效果如图14-27所示。

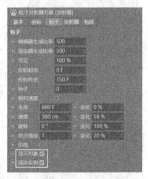

图14-26

图14-27

05 选中"发射器"对象，然后执行"运动图形>追踪对象"菜单命令，这样在移动时间滑块时，可以看到小球的后方显示路径的线条，如图14-28所示。

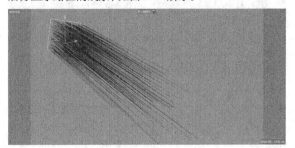

图14-28

06 执行"模拟>力场>吸引力"菜单命令，在场景中添加"吸引场"，然后设置"强度"为-100，移动时间滑块就能发现原本直线运动的小球往四周扩散，如图14-29所示。

图14-29

07 执行"模拟>力场>湍流"菜单命令，在场景中添加"湍流"力场，然后设置"强度"为15cm，移动时间滑块可以观察到此时的小球路径有些波动，如图14-30所示。

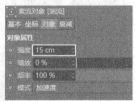

图14-30

08 移动时间滑块，观察动画效果合适后，执行"模拟>粒子>烘焙粒子"菜单命令，将模拟的效果记录为动画，如图14-31所示。

图14-31

09 创建一个自发光材质并将其赋予小球模型，如图14-32所示。

图14-32

10 在"材质"面板中执行"创建>材质>新建毛发材质"菜单命令，创建一个毛发材质，如图14-33所示。

图14-33

⑪ 设置毛发材质的"颜色"和"粗细"参数后将其赋予"追踪对象",如图14-34所示。

图14-34

⑫ 在场景中创建背景和灯光,并渲染4帧效果,如图14-35所示。

图14-35

📖 课堂案例

用粒子制作旋转粒子

场景文件	无
实例文件	实例文件>CH14>课堂案例:用粒子制作旋转粒子.c4d
视频名称	课堂案例:用粒子制作旋转粒子.mp4
学习目标	练习粒子发射器和旋转力场的使用

本案例用粒子配合旋转力场模拟旋转的粒子效果,如图14-36所示。

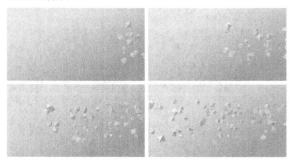

图14-36

① 执行"模拟>粒子>发射器"菜单命令,在场景中创建一个发射器,使发射器的方向向左,如图14-37所示。

图14-37

② 使用"宝石体"工具  在场景中创建一个宝石体模型,然后设置"半径"为10cm,"类型"为"八面",如图14-38所示。

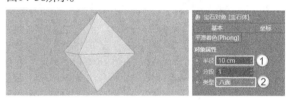

图14-38

③ 将"宝石体"对象放在"发射器"的子层级,如图14-39所示。

图14-39

④ 选中发射器,然后在"属性"面板中勾选"显示对象"和"渲染实例"选项,然后移动时间滑块,就可以看到宝石体作为粒子由发射器发出,如图14-40所示。

图14-40

⑤ 在"发射器"的"属性"面板中继续设置"编辑器生成比率"和"渲染器生成比率"都为30,"速度"的"变化"为30%,"旋转"为60°,"终点缩放"的"变化"为30%,如图14-41所示。

图14-41

06 执行"模拟>力场>旋转"菜单命令，在场景中添加"旋转"力场，如图14-42所示。

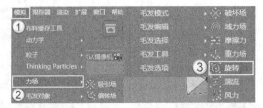

图14-42

07 移动时间滑块，可以观察到粒子呈现旋转的效果，如图14-43所示。

图14-43

08 为场景添加摄像机、灯光和材质，随意渲染4帧，效果如图14-44所示。

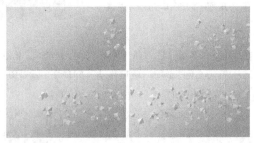

图14-44

🔲 课堂练习

用粒子制作气泡

场景文件	无
实例文件	实例文件>CH14>课堂练习：用粒子制作气泡.c4d
视频名称	课堂练习：用粒子制作气泡.mp4
学习目标	练习粒子发射器的用法

本案例使用"发射器" 发射器 和"球体" 球体 模拟气泡，效果如图14-45所示。

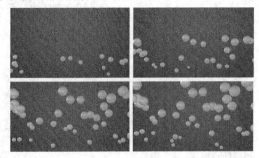

图14-45

14.3 本章小结

本章主要讲解了Cinema 4D的粒子技术。粒子发射器是学习的重点，熟悉一些常用的力场，可以在制作中丰富粒子的效果。本章内容较难，读者需勤加练习。

14.4 课后习题

本节安排了两个课后习题供读者进行练习。这两个习题将本章学习的知识进行了综合运用。如果读者在练习时有疑问，可以一边观看教学视频，一边学习粒子技术。

课后习题：用粒子制作下雪动画

场景文件	无
实例文件	实例文件>CH14>课后习题：用粒子制作下雪动画.c4d
视频名称	课后习题：用粒子制作下雪动画.mp4
学习目标	练习粒子动画的制作

使用"发射器" 发射器 和"风力" 风力 制作下雪动画，效果如图14-46所示。

图14-46

课后习题：用粒子制作运动光线

场景文件	无
实例文件	实例文件>CH14>课后习题：用粒子制作运动光线.c4d
视频名称	课后习题：用粒子制作运动光线.mp4
学习目标	练习粒子动画的制作

使用"发射器" 发射器 和"湍流" 湍流 制作运动光线，效果如图14-47所示。

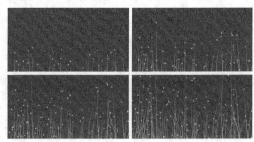

图14-47

15

动力学技术

本章将讲解 Cinema 4D 的动力学技术。运用动力学技术可以快速地制作出物体与物体之间真实的物理作用效果，因此动力学技术是制作动画必不可少的一部分。动力学可以用于定义物理属性和外力，当对象遵循物理定律相互作用时，场景会自动生成最终的动画关键帧。

学习目标

◇ 掌握创建刚体的方法

◇ 掌握创建碰撞体的方法

◇ 掌握创建布料的方法

15.1 动力学

如果要使对象间形成动力学动画效果，需要为对象赋予相应标签。"模拟标签"是赋予物体动力学物体属性的标签，如图15-1所示。"模拟标签"可以模拟刚体、柔体和布料等类型的动力学效果。

图15-1

本节工具介绍

工具名称	工具作用	重要程度
刚体	模拟表面坚硬的动力学对象	高
柔体	模拟表面柔软的动力学对象	高
碰撞体	模拟与动力学对象碰撞的对象	中

15.1.1 刚体

▶ 演示视频 104- 刚体

被赋予了"刚体"标签 的对象在模拟动力学动画时，不会因碰撞而产生物体的形变。选中需要成为刚体的对象，然后在"对象"面板上单击鼠标右键，在弹出的菜单中选择"模拟标签>刚体"选项，即可赋予该对象"刚体"标签，如图15-2所示。

图15-2

选中"刚体"标签的图标，在下方的"属性"面板中可以设置其属性，如图15-3所示。

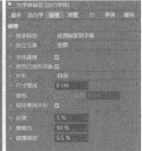

图15-3

图15-3（续）

动力学：设置是否开启动力学效果，默认为"开启"。

设置初始形态：单击该按钮，设置刚体对象的初始状态。

清除初状态：单击该按钮可以清除设置的初始状态。

激发：设置刚体对象的计算方式，有"立即""在峰速""开启碰撞""由XPresso"4种模式，默认的"立即"选项会无视初速度进行模拟。

自定义初速度：勾选该选项后，可以设置刚体对象的"初始线速度"和"初始角速度"，如图15-4所示。

图15-4

外形：设置刚体对象模拟的外轮廓，如图15- 5所示。

图15-5

反弹：设置刚体碰撞的反弹力度，数值越大，反弹越强烈。

摩擦力：设置刚体与碰撞对象的摩擦力，数值越大，摩擦力越大。

使用：设置刚体对象的质量，从而改变碰撞效果，如图15-6所示。

图15-6

全局密度：根据场景中对象的尺寸自行设定密度。

自定义密度：自行设定刚体对象的密度。

自定义质量：自行设定刚体对象的质量。

自定义中心：勾选该选项后，可以自定义对象的中心位置。

跟随位移：添加力后刚体对象跟随力位移。

烘焙对象：将动力学模拟的效果烘焙为关键帧。

全部烘焙：场景中所有对象的动力学效果都被烘焙为关键帧。

清除对象缓存：清除选中对象的关键帧。

清空全部缓存：清除所有对象的关键帧。

15.1.2 柔体

▶️ 演示视频105- 柔体

被赋予了"柔体"标签 🔵柔体 的对象在模拟动力学动画时，会因碰撞而产生物体的形变。选中需要成为柔体的对象，然后在"对象"面板上单击鼠标右键，接着在弹出的菜单中选择"模拟标签>柔体"选项，即可赋予该对象"柔体"标签，如图15-7所示。

图15-7

选中"柔体"标签的图标，在下方的"属性"面板中可以设置其属性。"柔体"与"刚体"的"属性"面板基本相同，这里只单独讲解"柔体"选项卡，如图15-8所示。

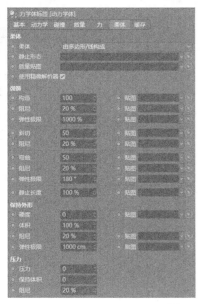

图15-8

柔体：默认为"由多边形/线构成"选项，模拟柔体效果。若选择"无"选项，则为刚体效果。

构造：设置柔体对象在碰撞时的形变效果，数值为0时效果为完全形变。

阻尼：设置柔体与碰撞体之间的摩擦力。

弹性极限：设置柔体弹力的极限值。

硬度：设置柔体对象外表的硬度，对比效果如图15-9所示。

图15-9

压力：设置柔体对象内部的强度，对比效果如图15-10所示。

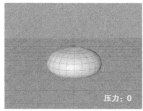

图15-10

15.1.3 碰撞体

▶️ 演示视频106- 碰撞体

被赋予了"碰撞体"标签 🔵碰撞 的对象在模拟动力学动画时，是作为与刚体对象或柔体对象产生碰撞的对象。选中需要成为碰撞体的对象，然后在"对象"面板上单击鼠标右键，接着在弹出的菜单中选择"模拟标签>碰撞体"选项，即可赋予该对象"碰撞体"标签，如图15-11所示。

图15-11

选中"碰撞体"标签的图标，在下方的"属性"面板中可以设置其属性，如图15-12所示。

图15-12

反弹：设置刚体或柔体对象的反弹强度，数值越大，反弹效果越强。

摩擦力：设置刚体或柔体对象与碰撞体之间的摩擦力。

全部烘焙：将模拟的动力学动画烘焙为关键帧后，可进行动画播放。

清除对象缓存：将选中对象所烘焙的关键帧删除，以便重新进行模拟。

清空全部缓存：将场景中所有对象所烘焙的关键帧删除。

📝 **技巧与提示**

只有将模拟的动力学动画烘焙后才能进行动画播放，否则无法后退观察动画效果。

📖 **课堂案例**

用动力学制作小球碰撞动画

场景文件	场景文件>CH15>01.c4d
实例文件	实例文件>CH15>课堂案例：用动力学制作小球碰撞动画.c4d
视频名称	课堂案例：用动力学制作小球碰撞动画.mp4
学习目标	练习刚体和碰撞体标签的使用

本案例需要为场景中的小球添加"刚体"标签 ![刚体]，为管道和台阶模型添加"碰撞体"标签 ![碰撞体]，案例效果如图15-13所示。

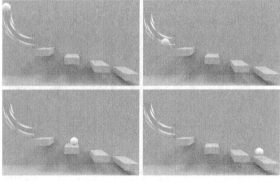

图15-13

01 打开本书学习资源中的"场景文件>CH15>01.c4d"文件，如图15-14所示。场景中已经建立了摄像机、灯光和材质。

图15-14

02 选中小球模型，然后在"对象"面板中为其赋予"刚体"标签，如图15-15所示。

03 选中"空白"选项，然后为其赋予"碰撞体"标签，如图15-16所示。

图15-15   图15-16

04 按F8键开始模拟动力学效果，可以观察到小球模型通过弯曲的管道下落到台阶模型上，如图15-17所示。

图15-17

05 选中"碰撞体"标签，然后单击"全部烘焙"按钮 ![全部烘焙]，对动力学动画进行烘焙，如图15-18所示。

图15-18

📖 **课堂案例**

用动力学制作下落的果冻

场景文件	场景文件>CH15>02.c4d
实例文件	实例文件>CH15>课堂案例：用动力学制作下落的果冻.c4d
视频名称	课堂案例：用动力学制作下落的果冻.mp4
学习目标	练习柔体标签的使用

本案例需要给果冻模型赋予"柔体"标签 ![柔体]，以模拟果冻下落的效果，如图15-19所示。

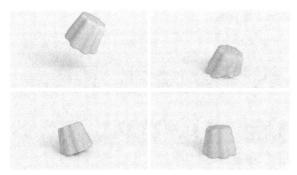

图15-19

01 打开本书学习资源文件"场景文件>CH15>02.c4d"，场景中有制作好的果冻模型，如图15-20所示。

图15-20

02 选中果冻模型，然后在"对象"面板中单击鼠标右键，在弹出的菜单中选择"模拟标签>柔体"选项，如图15-21所示。

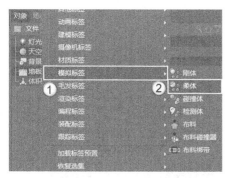

图15-21

03 选中"地板"对象，然后在右键菜单中选择"模拟标签>碰撞体"选项，如图15-22所示。

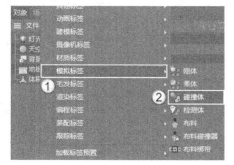

图15-22

04 选中"柔体"标签，然后在"碰撞"选项卡中设置"反弹"为2%，如图15-23所示。

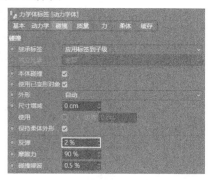

图15-23

05 切换到"柔体"选项卡，然后设置"硬度"为8，"保持体积"为20，如图15-24所示。

图15-24

06 按F8键开始模拟动力学效果，如图15-25所示。

图15-25

📝 **技巧与提示**

果冻模型的面数较多，在模拟动力学效果时会比较慢。

07 观察模拟效果后，切换到"缓存"选项卡，然后单击"全部烘焙"按钮 `全部烘焙` 烘焙整个动力学动画，如图15-26所示。

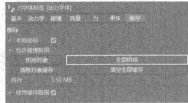

图15-26

08 移动时间滑块，随意渲染4帧，动画效果如图15-27所示。

图15-27

课堂练习

用动力学制作小球坠落动画

场景文件	无
实例文件	实例文件>CH15>课堂练习：用动力学制作小球坠落动画.c4d
视频名称	课堂练习：用动力学制作小球坠落动画.mp4
学习目标	练习简单的动力学动画的制作

本案例需要将一个小球克隆之后为其添加"刚体"标签 `刚体`，与下方的盘子和地面模型进行碰撞，动画效果如图15-28所示。

图15-28

15.2 布料

"模拟标签"中的"布料""布料碰撞器""布料绑带"标签可以模拟布料的动力学效果。

本节工具介绍

工具名称	工具作用	重要程度
布料	模拟布料动力学对象	高
布料碰撞器	模拟与布料对象碰撞的对象	高
布料绑带	模拟悬挂的布料对象	中

15.2.1 布料

▶ 演示视频107-布料

添加了"布料"标签 `布料` 的对象在模拟动力学动画时，会模拟布料碰撞的效果。选中需要成为布料的对象，然后在"对象"面板上单击鼠标右键，在弹出的菜单中选择"模拟标签>布料"选项，即可为该对象添加"布料"标签，如图15-29所示。

图15-29

技巧与提示

模拟布料的对象需要转换为可编辑对象后才能产生布料模拟效果，普通的参数化几何体无法实现该效果。

"布料"标签的"属性"面板中包含"标签""影响""修整""缓存""高级"5个选项卡，如图15-30所示。

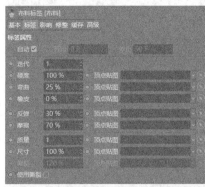

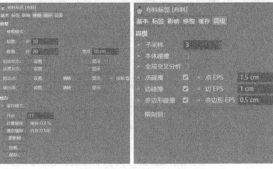

图15-30

自动：勾选该选项后，从时间线的第1帧开始模拟布料效果；不勾选该选项则可设置布料模拟的帧范围。

迭代：设置布料模拟的精确度，数值越高，模拟效果越好，速度也越慢。

硬度：设置布料模拟时的形变与穿插，对比效果如图15-31所示。

图15-31

弯曲：设置布料弯曲的效果，对比效果如图15-32所示。

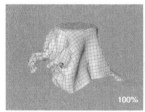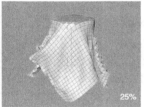

图15-32

橡皮：设置布料的拉伸弹力效果，如图15-33所示。

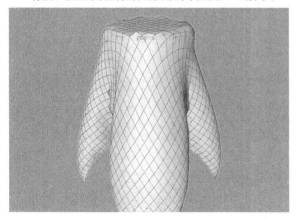

图15-33

反弹：设置布料间的碰撞效果。

摩擦：设置布料间碰撞的摩擦力。

质量：设置布料的质量。

使用撕裂：勾选后布料会形成碰撞撕裂效果。

重力：设置布料受到的重力强度，默认不更改。

黏滞：形成与重力相反的力，减缓布料下坠的速度。

风力方向.X/风力方向.Y/风力方向.Z：设置布料初始速度的方向。

风力强度：设置风力的强度。

风力黏滞：形成与风力方向相反的力，减弱风力。

本体排斥：勾选该选项后，会减弱布料模型相互穿插的效果，但会增加计算时间。

松弛：平缓布料的褶皱。

计算缓存：烘焙模拟布料所生成的动画关键帧。

15.2.2 布料碰撞器

▶▶ 演示视频108- 布料碰撞器

"布料碰撞器"标签 ⚙布料碰撞器 与"碰撞体"标签 ⚙碰撞体 类似，用于模拟布料碰撞的效果，其"属性"面板如图15-34所示。

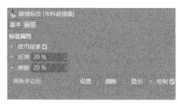

图15-34

使用碰撞：勾选该选项后，布料与碰撞器产生碰撞效果。

反弹：设置布料与碰撞器之间的反弹强度。

摩擦：设置布料与碰撞器之间的摩擦力。

🔲 课堂案例

用布料制作透明塑料布

场景文件	场景文件>CH15>03.c4d
实例文件	实例文件>CH15>课堂案例：用布料制作透明塑料布.c4d
视频名称	课堂案例：用布料制作透明塑料布.mp4
学习目标	练习布料标签的使用方法

本案例需要为场景中的平面添加"布料"标签 ⭐布料，模拟桌布效果，如图15-35所示。

图15-35

⓪① 打开本书学习资源中的"场景文件>CH15>03.c4d"文件，如图15-36所示。

图15-36

02 使用"平面"工具 在场景中创建一个平面，然后设置"宽度"为800cm，"高度"为500cm，"高度分段"和"宽度分段"都为60，如图15-37所示。

图15-37

03 在"对象"面板选中上一步创建的平面，然后按C键将其转换为可编辑对象，并为其赋予"布料"标签，如图15-38所示。

图15-38

04 在"对象"面板选中需要碰撞的模型对象，然后为其赋予"布料碰撞器"标签，如图15-39所示。

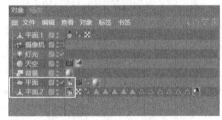

图15-39

05 选中"布料"标签，然后在"属性"面板的"标签"选项卡中设置"弯曲"为10%，"反弹"为8%，如图15-40所示。

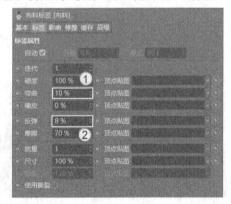

图15-40

06 在"属性"面板的"高级"选项卡中勾选"本体碰撞"选项，如图15-41所示。

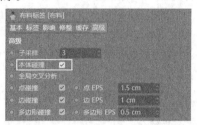

图15-41

07 单击"向前播放"按钮 模拟动力学动画，如图15- 42所示。

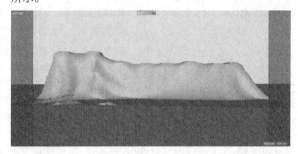

图15-42

08 观察到布料效果良好后，为其赋予透明塑料材质，如图15-43所示。

图15-43

09 在"布料"标签的"缓存"选项卡中单击"计算缓存"按钮 ，将模拟的动力学效果转换为关键帧动画，如图15-44所示。

图15-44

⑩ 长按"细分曲面"按钮 ⬦，在弹出的菜单中选择"布料曲面"选项，如图15-45所示。

图15-45

⑪ 将布料的对象放置在"布料曲面"的子层级，然后设置"厚度"为2cm，如图15-46所示。布料模型的效果如图15-47所示。

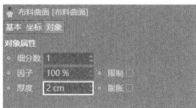

图15-46

图15-47

📝 技巧与提示

添加"布料曲面"生成器 ⬦布料曲面 后，不仅会让布料模型更加柔和，还增加了布料的厚度，更符合现实中的布料效果。

⑫ 选择合适的一帧进行渲染，最终效果如图15-48所示。

图15-48

📘 知识点：布料曲面

"布料曲面"生成器 ⬦布料曲面 用于增加模型的厚度。"布料曲面"的参数很简单，如图15-49所示。

图15-49

细分数：增加模型的细分数。图15-50所示是没有添加"布料曲面"生成器 ⬦布料曲面 时的模型，图15-51所示是添加了"布料曲面"生成器 ⬦布料曲面 时的模型。"细分数"的数值越大，增加的分段线也就越多。

图15-50

图15-51

厚度：设置对象的厚度，如图15-52所示。

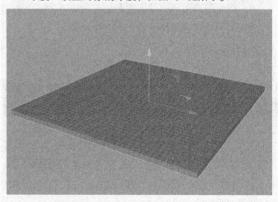

图15-52

▣ 课堂练习

用布料制作桌布

场景文件	场景文件>CH15>04.c4d
实例文件	实例文件>CH15>课堂练习：用布料制作桌布.c4d
视频名称	课堂练习：用布料制作桌布.mp4
学习目标	练习布料标签的使用

本案例需要使用"布料"标签 ● 布料 模拟自然下落的桌布，效果如图15-53所示。

图15-53

15.2.3 布料绑带

▶▶ 演示视频109- 布料绑带

"布料绑带"标签 □□ 布料绑带 可以让布料与其他对象产生连接效果，常用于模拟窗帘、毛巾等悬挂的布料模型，其属性面板如图15-54所示。

图15-54

点：绑定布料的点和其链接对象。

清除：解除绑定布料的点和其链接对象。

绑定至：链接绑定对象。

15.3 本章小结

本章主要讲解了Cinema 4D的动力学技术。模拟标签是本章的重点，需要着重掌握"刚体" ■■ 刚体 、"柔体" ●■ 柔体 和"布料" ● 布料 标签的使用方法。本章内容较难，读者需勤加练习。

15.4 课后习题

本节安排了两个课后习题供读者进行练习。这两个习题将本章学习的知识进行了综合运用。如果读者在练习时有疑问，可以一边观看教学视频，一边学习动力学技术。

课后习题：用动力学制作碰撞动画

场景文件	无
实例文件	实例文件>CH15>课后习题：用动力学制作碰撞动画.c4d
视频名称	课后习题：用动力学制作碰撞动画.mp4
学习目标	练习动力学动画的制作

制作一个小球碰撞墙体的动画效果，如图15-55所示。

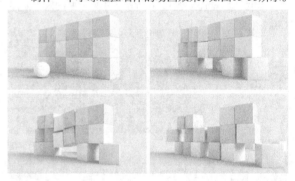

图15-55

课后习题：用动力学制作多米诺骨牌

场景文件	无
实例文件	实例文件>CH15>课后习题：用动力学制作多米诺骨牌.c4d
视频名称	课后习题：用动力学制作多米诺骨牌.mp4
学习目标	练习动力学动画的制作

制作多米诺骨牌的动画效果，如图15-56所示。

图15-56

第 **16** 章

综合实例

本章将通过 5 个商业化的综合实例，将之前学习的内容进行串联。这 5 个综合实例类型——创意视觉类、科幻机械类、低多边形类、体素类和电商类都是现下流行的商业化案例风格。灵活应用学习的内容，就能制作出好看的案例。

学习目标

◇ 掌握创意视觉类海报的制作

◇ 掌握科幻机械类效果图的制作

◇ 掌握低多边形类效果图的制作

◇ 掌握体素类效果图的制作

◇ 掌握电商类效果图的制作

16.1 综合实例: 三维抽象海报

场景文件	无
实例文件	实例文件>CH16>综合实例: 三维抽象海报.c4d
视频名称	综合实例: 三维抽象海报.mp4
学习目标	练习创意视觉类海报的制作

　　创意视觉类的海报在模型制作上并不是很复杂,更多的是需要思考如何构图,如何表现画面内容。本案例通过一个球体进行简单的变形,从而制作三维抽象海报,如图16-1所示。

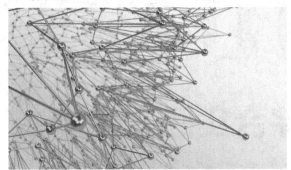

图16-1

16.1.1 模型制作

01 使用"球体"工具在场景中创建一个球体,然后设置"半径"为100cm,"分段"为64,"类型"为"六面体",如图16-2所示。

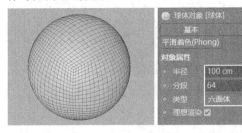

图16-2

02 为上一步创建的球体模型添加"置换"变形器,然后设置"高度"为100cm,并在"着色器"通道中加载"噪波"贴图,如图16-3所示。

图16-3

03 单击加载的"噪波"贴图,然后设置"噪波"为"湍流",如图16-4所示。

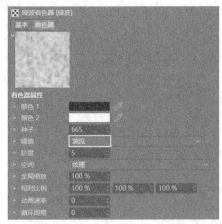

图16-4

04 为变形后的球体模型添加"晶格"生成器,然后设置"球体半径"为1cm,"圆柱半径"为0.2cm,"细分数"为16,如图16-5所示。

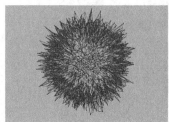
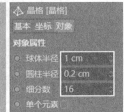

图16-5

05 移动并放大视窗,然后找到一个合适的角度来添加摄像机,如图16-6所示。至此,模型部分制作完成。

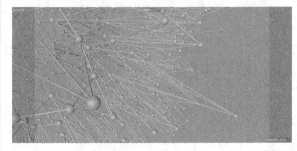

图16-6

16.1.2 灯光与环境创建

　　模型制作完成之后需要为场景创建灯光,本案例的灯光由主光源和环境光两部分组成。

1.主光源

01 使用"灯光"工具在场景的右上角创建一盏灯光,位置如图16-7所示。

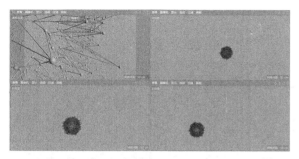

图16-7

02 选中创建的灯光,然后在"常规"选项卡中设置"颜色"为白色,"投影"为"区域",如图16-8所示。

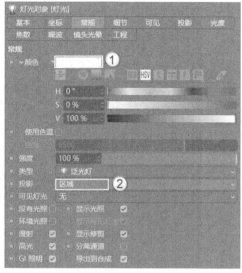

图16-8

03 切换到"细节"选项卡,然后设置"形状"为"球体","衰减"为"平方倒数(物理精度)","半径衰减"为750cm,如图16-9所示。

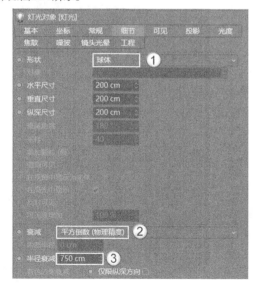

图16-9

04 按快捷键Shift+R测试灯光效果,如图16-10所示。

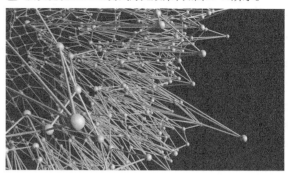

图16-10

2.环境光

01 新建一个"天空"对象 天空 ,然后按快捷键Shift+F8打开"资产浏览器",选中图16-11所示的HDRI材质赋予"天空"对象。

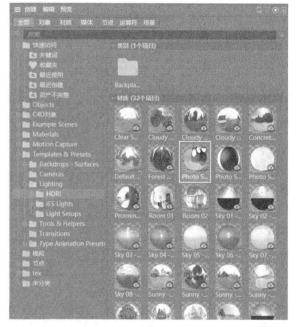

图16-11

02 选中"天空"对象,然后添加"合成"标签,取消勾选"摄像机可见"选项,如图16-12所示。

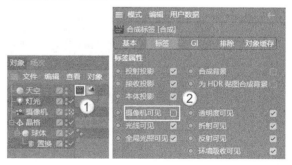

图16-12

03 按快捷键Shift+R测试灯光效果，如图16-13所示。

图16-13

16.1.3 材质制作

01 在"材质"面板中新建一个默认材质，然后打开"材质编辑器"面板，取消勾选"颜色"选项，在"反射"中设置"类型"为GGX，"粗糙度"为10%，"层颜色"的"颜色"为蓝色，"菲涅耳"为"导体"，"预置"为"钢"，如图16-14所示。材质效果如图16-15所示。

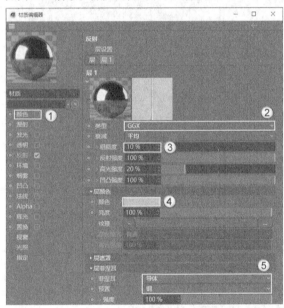

图16-14

图16-15

02 新建一个默认材质，然后在"颜色"的"纹理"通道中加载"渐变"贴图，如图16-16所示。

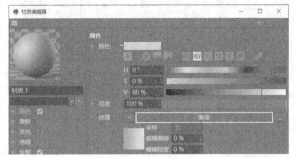

图16-16

03 进入"渐变"贴图，设置"渐变"颜色为深蓝色到浅蓝色，"类型"为"二维-U"，"角度"为45°，如图16-17所示。材质效果如图16-18所示。

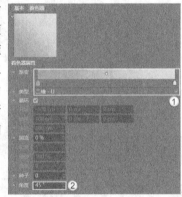

图16-17

图16-18

04 新建一个"背景"对象，然后赋予该对象上一步调整的渐变材质，接着将金属材质赋予主体模型，如图16-19所示。

图16-19

16.1.4 渲染输出

01 选中"摄像机"对象，然后设置"目标距离"为31.575cm，如图16-20所示。

图16-20

📝 **技巧与提示**

这一步是为了渲染景深效果，所以要添加目标距离。

02 按快捷键Ctrl+B打开"渲染设置"面板，然后在"输出"选项中设置"宽度"为1280像素，"高度"为720像素，然后切换"渲染器"为"物理"，如图16-21所示。

图16-21

03 在"Physical"选项中勾选"景深"选项，如图16-22所示。

图16-22

04 在"全局光照"选项中设置"主算法"为"准蒙特卡罗（QMC）"，"次级算法"为"辐照缓存"，"采样"为"中"，如图16-23所示。

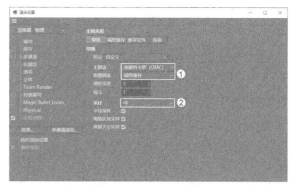

图16-23

📝 **技巧与提示**

读者若是觉得渲染时间太长，也可以用"标准"渲染器渲染不带景深效果的图片。

05 按快捷键Shift+R渲染场景，效果如图16-24所示。

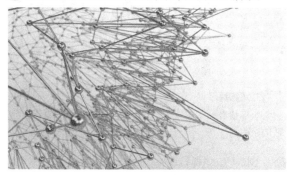

图16-24

16.2 综合实例：机械霓虹灯

场景文件	无
实例文件	实例文件>CH16>综合实例：机械霓虹灯.c4d
视频名称	综合实例：机械霓虹灯.mp4
学习目标	练习机械效果图的制作

看似繁杂的机械模型配合霓虹灯让整个画面看起来十分丰富。本节通过一个案例讲解机械类效果图的制作方法，如图16-25所示。

图16-25

16.2.1 模型制作

本案例的模型由霓虹灯、齿轮模型和配景3部分组成，下面将逐一进行讲解。

1.霓虹灯

⓪① 使用"文本样条"工具 在场景中创建一个文本样条，设置"文本样条"为H，"字体"为"思源黑体Bold"，"高度"为200cm，如图16-26所示。

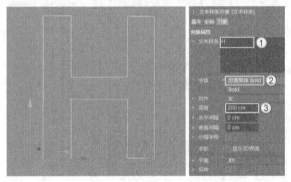

图16-26

> 📝 技巧与提示
>
> 如果读者的系统中没有该字体，可以替换为其他合适的字体。

⓪② 为创建的文本样条添加"挤压"生成器 ，在"对象"选项卡中设置"偏移"为40cm，如图16-27所示。

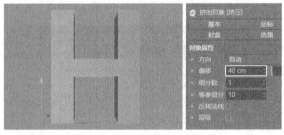

图16-27

⓪③ 将字体模型转换为可编辑对象，在"多边形"模式 中选中图16-28所示的多边形。

图16-28

⓪④ 使用"内部挤压"工具 将选中的多边形向内偏移3cm，如图16-29所示。

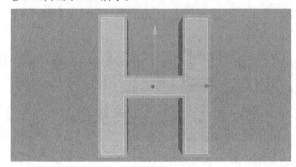

图16-29

⓪⑤ 保持选中的多边形不变，使用"挤压"工具 向内挤压－30cm，如图16-30所示。

图16-30

⓪⑥ 在"边"模式 下选中图16-31所示的边，然后使用"倒角"工具 将选中的边倒角，设置"偏移"为0.8cm，"细分"为2，如图16-32所示。

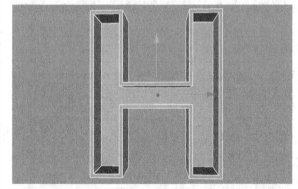

图16-31

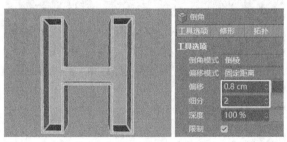

图16-32

07 使用"画笔"工具 沿着H的空隙绘制灯管的路径，如图16-33所示。

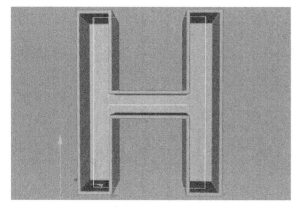

图16-33

在绘制时要注意，笔画的交接处需要留出一定的空隙，否则后续制作的灯管模型会形成重叠穿插的效果。

08 使用"圆环"工具 绘制一个"半径"为1cm的圆环样条，然后使用"扫描"生成器 将"圆环"和"样条"组合生成灯管模型，如图16-34所示。

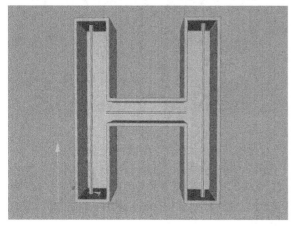

图16-34

09 选中"扫描"生成器 ，在"封盖"选项卡中设置"尺寸"为0.5cm，"分段"为1，如图16-35所示。

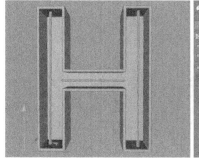

图16-35

10 将"扫描"复制一份，在圆环"属性"面板的"对象"选项卡中勾选"环状"选项，设置"半径"为1.9cm，"内部半径"为2cm，如图16-36所示。

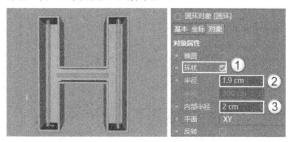

图16-36

外侧的灯管模型勾选了"透显"选项，呈半透明状，这样方便观察模型。

11 按照上述方法制作C模型，效果如图16-37所示。由于制作方法相同，这里不赘述具体过程。

图16-37

2.齿轮模型

01 使用"齿轮"工具 在场景中创建一个齿轮样条，在"齿"选项卡中设置"齿"为20，"根半径"为70cm，"附加半径"为80cm；在"嵌体"选项卡中设置"类型"为"孔洞"，"孔洞"为4，"半径"为15cm，"环状半径"为40cm，"中心孔"的"半径"为16cm，如图16-38所示。

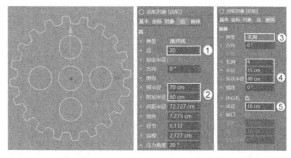

图16-38

"齿"选项卡中的参数都是相互关联的，设置前面几个参数就能自动生成后面的参数。

02 为齿轮样条添加"挤压"生成器，在"对象"选项卡中设置"偏移"为10cm，在"封盖"选项卡中设置"尺寸"为2cm，"分段"为2，如图16-39所示。

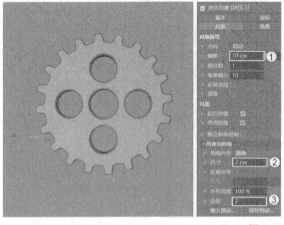

图16-39

03 在场景中继续创建一个齿轮样条，在"齿"选项卡中设置"齿"为22，"根半径"为77.273cm，"附加半径"为87.273cm，"压力角度"为0°；在"嵌体"选项卡中设置"类型"为"轮辐"，"轮辐"为15，"外半径"为69cm，"内半径"为10cm，"外宽度"为90%，"内宽度"为50%，"倒角"为5%，如图16-40所示。

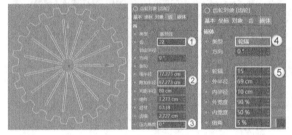

图16-40

04 为齿轮样条添加"挤压"生成器，设置"偏移"为10cm，"尺寸"为1cm，"分段"为2，如图16-41所示。

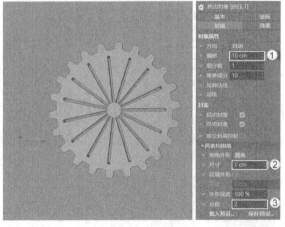

图16-41

05 创建一个齿轮样条，在"齿"选项卡中设置"齿"为25，"根半径"为106.481cm，"附加半径"为115cm，"压力角度"为0°；在"嵌体"选项卡中设置"半径"为90cm，如图16-42所示。

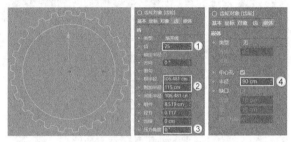

图16-42

06 为上一步创建的齿轮样条添加"挤压"生成器，设置"偏移"为10cm，"尺寸"为1cm，"分段"为2，如图16-43所示。

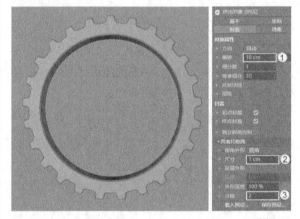

图16-43

07 场景中制作了3种类型的齿轮，将其组合后放在霓虹灯模型的后方，如图16-44所示。在组合这些齿轮模型时，可以使用"缩放"工具缩放其大小，也可以更改"挤压"生成器中的"偏移"数值，增加齿轮的厚度，让画面中的齿轮样式显得更加丰富。

图16-44

3.配景

01 使用"圆柱体"工具  在霓虹灯模型下方创建一个圆柱体模型,设置"半径"为185cm,"高度"为15cm,"旋转分段"为36,勾选"圆角"选项,设置"分段"为3,"半径"为2.5cm,如图16-45所示。

图16-45

02 在圆柱体模型下方复制两个齿轮模型并将其放大,如图16-46所示。

图16-46

03 使用"圆柱体"工具  在场景中创建几个大小不等的圆柱体模型,用于连接齿轮,如图16-47所示。

图16-47

04 使用"平面"工具  在场景中创建一个"宽度"和"高度"都为1000cm的平面作为地面模型,如图16-48所示。

图16-48

05 将底座的圆柱体复制一份并与平面模型进行布尔运算,设置"布尔类型"为"A减B",勾选"创建单个对象"和"隐藏新的边"选项,如图16-49所示。

 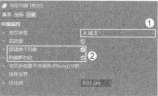

图16-49

📝 **技巧与提示**

勾选"创建单个对象"选项,参与布尔运算的模型转换为可编辑对象后会成为一个单独的模型,方便后续制作。进行布尔运算后的模型会增加新的边。勾选"隐藏新的边"选项会隐藏这些新生成的边,保持原有的模型布线。

06 将进行布尔运算后的地面转换为可编辑对象,在"边"模式 中选中图16-50所示的边。

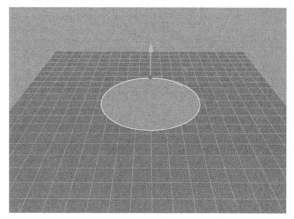

图16-50

07→保持选中的边不变, 按住Ctrl键的同时使用"移动"工具 ☒ 将其向下移动一段距离, 效果如图16-51所示。在场景中的效果如图16-52所示。

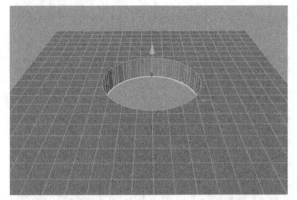

图16-51

图16-52

08→复制几个齿轮模型随意摆放在地面上作为前景, 如图16-53所示。

图16-53

09→用"画笔"工具 ☒ 绘制电线的路径, 然后使用"圆环"工具 ☒ 圆环 创建一个"半径"为1cm的圆环样条, 接着使用"扫描"生成器 ☒ 扫描 生成模型, 如图16-54和图16-55所示。

图16-54

图16-55

10→使用"螺旋线"工具 ☒ 螺旋线 在圆柱上绘制螺旋样条, 设置"起始半径"为4cm, "开始角度"为 -4451°, "终点半径"为4cm, "结束角度"为7929°, "半径偏移"为50%, "高度"为301cm, 然后复制一份螺旋样条, 如图16-56所示。

图16-56

⑪ 使用"圆环"工具 ⊙ 圆环 创建"半径"为1cm的圆环，然后使用"扫描"生成器 ⚙ 扫描 生成模型，如图16-57所示。至此，本案例的模型全部制作完成。

图16-57

16.2.2 灯光与环境创建

先在场景中创建灯光和环境，再创建材质，可以方便观察场景的整体效果，使材质调整一步到位。但这些步骤的顺序不是绝对的，也可以先调整材质，再创建灯光和环境。读者按自己喜欢的顺序进行制作即可。

1.主光源

① 使用"灯光"工具 💡 在场景左侧创建灯光，位置如图16-58所示。

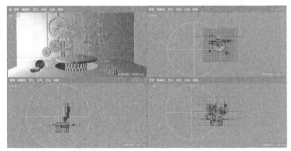

图16-58

② 选中创建的灯光，在"常规"选项卡中设置"颜色"为蓝色，"强度"为100%，"投影"为"区域"；在"细节"选项卡中设置"衰减"为"平方倒数（物理精度）"，"半径衰减"为820.39cm，如图16-59所示。

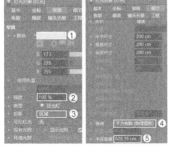

图16-59

③ 按快捷键Ctrl+R预览灯光效果，如图16-60所示。

图16-60

2.辅助光源

① 将创建的灯光复制一份放在画面右侧，位置如图16-61所示。

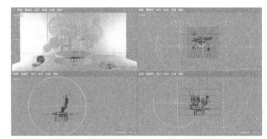

图16-61

② 选中复制的灯光，在"常规"选项卡中修改"颜色"为黄色，"强度"为80%，如图16-62所示。

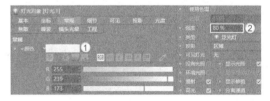

图16-62

③ 按快捷键Ctrl+R预览渲染效果，如图16-63所示。

图16-63

3.环境光源

01 使用"天空"工具 ⊕ 天空 在场景中创建天空模型，如图16-64所示。

图16-64

02 按快捷键Shift+F8打开"内容浏览器"，选中"Photo Studio"文件并将其赋予天空模型，如图16-65和图16-66所示。

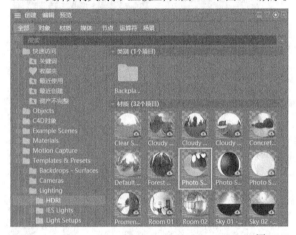

图16-65

图16-66

03 在"对象"面板选中"天空"，为其添加"合成"标签 ❐ 合成 ，然后取消勾选"摄像机可见"选项，如图16-67所示。

图16-67

04 按快捷键Ctrl+R预览渲染效果，如图16-68所示。

图16-68

16.2.3 材质制作

场景的材质分为金属材质、塑料材质、自发光材质、玻璃材质和电线材质。

1.金属材质

01 场景中的主体部分是金属类材质。在"材质"面板中创建一个默认材质，取消勾选"颜色"选项，在"反射"中设置"类型"为GGX，"衰减"为"平均"，"粗糙度"为30%，"反射强度"为100%，"颜色"为浅灰色，"菲涅耳"为"导体"，"预置"为"钢"，如图16-69所示。材质效果如图16-70所示。

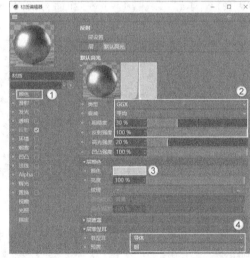

图16-69

图16-70

⑫ 将材质赋予齿轮模型和霓虹灯外壳，效果如图16-71所示。

图16-71

2.塑料材质

⓵ 新建一个默认材质，在"颜色"中设置"颜色"为深灰色，如图16-72所示。

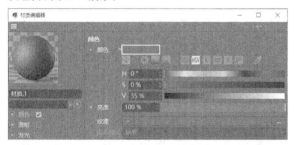

图16-72

⓶ 切换到"反射"并添加GGX选项，设置"粗糙度"为15%，"菲涅耳"为"绝缘体"，"预置"为"聚酯"，如图16-73所示。材质效果如图16-74所示。

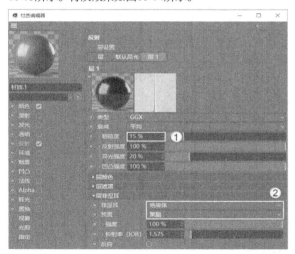

图16-73

图16-74

⓷ 将材质赋予场景中的地面模型和圆柱平台，效果如图16-75所示。

图16-75

3.自发光材质

⓵ 在"材质"面板中创建一个默认材质，取消勾选"颜色"选项，然后勾选"发光"选项，并设置"颜色"为绿色，如图16-76所示。

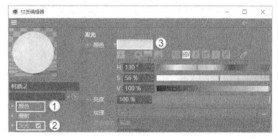

图16-76

⓶ 勾选"辉光"选项，设置"内部强度"为20%，"外部强度"为150%，"半径"为30cm，"随机"为20%，如图16-77所示。材质效果如图16-78所示。

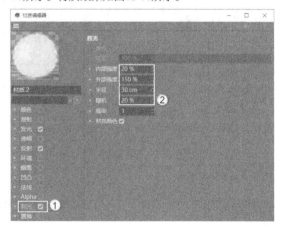

图16-77

图16-78

03 将材质赋予场景中的灯丝模型，效果如图16-79所示。

图16-79

4.玻璃材质

01 在场景中创建一个默认材质，勾选"透明"选项，设置"折射率预设"为"玻璃"，如图16-80所示。

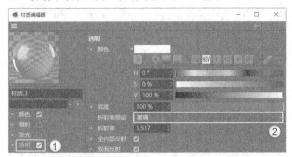

图16-80

02 在"反射"中添加GGX选项，设置"粗糙度"为0%，"菲涅耳"为"绝缘体"，"预置"为"玻璃"，如图16-81所示。材质效果如图16-82所示。

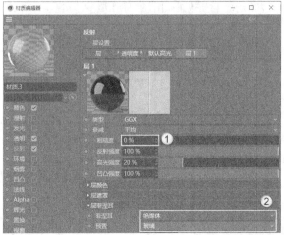

图16-81

图16-82

03 将材质赋予灯管模型，效果如图16-83所示。

图16-83

5.电线材质

01 在场景中创建一个默认材质，在"颜色"通道中设置"颜色"为深蓝色，如图16-84所示。

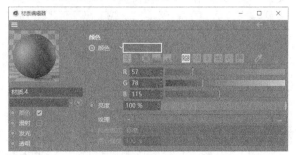

图16-84

02 切换到"反射"并添加GGX选项，设置"粗糙度"为5%，"菲涅耳"为"绝缘体"，"预置"为"聚酯"，如图16-85所示。材质效果如图16-86所示。

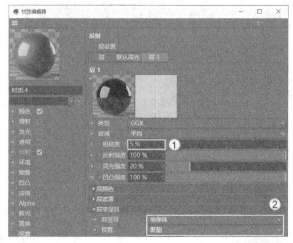

图16-85

图16-86

03 将材质赋予场景中的电线模型，效果如图16-87所示。

图16-87

16.2.4 渲染输出

01 按快捷键Ctrl+B打开"渲染设置"面板，在"输出"中设置"宽度"为1200像素，"高度"为720像素，如图16-88所示。

图16-88

02 切换到"抗锯齿"，设置"抗锯齿"为"最佳"，"最小级别"为2×2，"最大级别"为4×4，"过滤"为Mitchell，如图16-89所示。

图16-89

03 单击"效果"按钮 效果... 添加"全局光照"，设置"主算法"为"准蒙特卡罗（QMC）"，"次级算法"为"辐照缓存"，如图16-90所示。

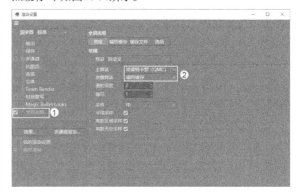

图16-90

技巧与提示

读者可以将设置好的渲染参数保存成预设，在下一次渲染时直接调用。

04 单击"效果"按钮 效果... 添加"对象辉光"，如图16-91所示。不添加该效果就不能渲染出发光材质的辉光效果。

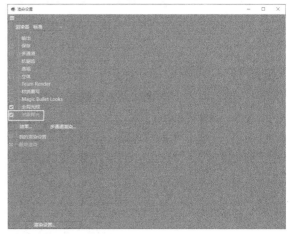

图16-91

05 按快捷键Shift+R渲染场景，效果如图16-92所示。

图16-92

16.3 综合实例: 悬浮小岛

场景文件	无
实例文件	实例文件>CH16>综合实例: 悬浮小岛.c4d
视频名称	综合实例: 悬浮小岛.mp4
学习目标	练习低多边形效果图的制作

低多边形风格的模型在之前的案例中学习过, 本案例需要制作一个多边形风格的悬浮小岛, 案例效果如图16-93所示。

图16-93

16.3.1 模型制作

本案例的模型由房屋、地形、植物和配景组成, 下面将逐一进行讲解。

1.房屋

01 使用"立方体"工具 在场景中创建一个立方体模型, 设置"尺寸.X"和"尺寸.Z"都为200cm, "尺寸.Y"为10cm, 勾选"圆角"选项, 设置"圆角半径"为2cm, "圆角细分"为3, 如图16-94所示。

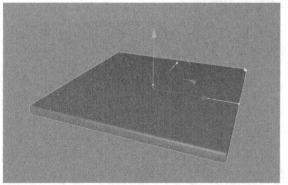

图16-94

02 新建一个立方体模型, 设置"尺寸.X"和"尺寸.Z"都为180cm, "尺寸.Y"为150cm, 勾选"圆角"选项, 设置"圆角半径"为2cm, "圆角细分"为3, 如图16-95所示。

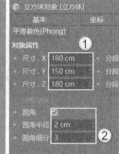

图16-95

03 使用"多边形"工具 在场景中创建一个多边形, 设置"宽度"为180cm, "高度"为60cm, 勾选"三角形"选项, 如图16-96所示。

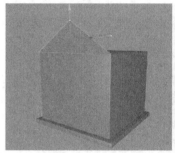

图16-96

04 将上一步创建的模型转换为可编辑对象, 在"多边形"模式 中使用"挤压"工具 挤出180cm, 如图16-97所示。

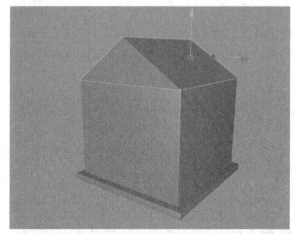

图16-97

> 📝 **技巧与提示**
>
> 挤出的三角形的背面没有封口, 但这一面不出现在镜头中, 因此不需要补齐。

05 使用"样条画笔"工具 ✐ 沿着三角形的边缘绘制屋顶的轮廓,如图16-98所示。

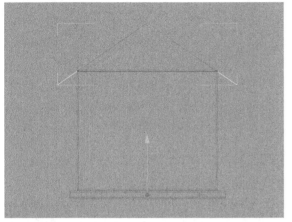

图16-98

06 在"点"模式 ▣ 下选中所有点,使用"创建轮廓"工具 ⬛创建轮廓 创建"距离"为5cm的轮廓线,如图16-99所示。

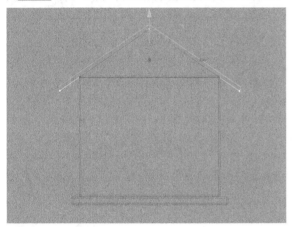

图16-99

07 添加"挤压"生成器 ⬛ 挤压,设置"偏移"为200cm,"尺寸"为1cm,"分段"为1,如图16-100所示。

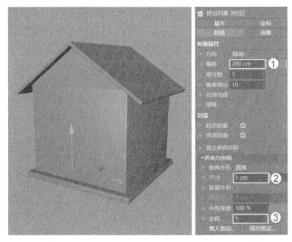

图16-100

08 使用"立方体"工具 ⬛ 立方体 创建一个立方体,然后将其旋转33.5°,设置"尺寸.X"为142cm,"尺寸.Y"为8cm,"尺寸.Z"为200cm,如图16-101所示。

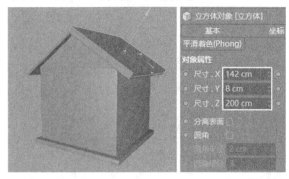

图16-101

09 将上一步创建的立方体转换为可编辑对象,在"多边形"模式 ▣ 中选中图16-102所示的多边形,然后使用"缩放"工具 ⬛ 向内收缩,如图16-103所示。

图16-102

图16-103

⑩ 在"边"模式 中选中所有的边，使用"倒角"工具 倒角 倒角1cm，如图16-104所示。

图16-104

⑪ 将模型复制一份放在屋顶另一侧，如图16-105所示。

图16-105

⑫ 使用"矩形"工具 矩形 在立方体上绘制一个"宽度"为60cm、"高度"为120cm的矩形，如图16-106所示。

图16-106

⑬ 将矩形转换为可编辑对象，然后删除下方的边，使用"创建轮廓"工具 创建轮廓 设置轮廓的"距离"为 - 5cm，如图16-107所示。

图16-107

⑭ 为编辑后的矩形添加"挤压"生成器 挤压 ，设置"偏移"为5cm，如图16-108所示。

图16-108

⑮ 用同样的方法制作窗户，效果如图16-109所示。

图16-109

⑯ 使用大小不等的立方体模型装饰房屋，如图16-110所示。

图16-110

2.地形

01 使用"立方体"工具 在场景中创建一个立方体模型，设置"尺寸.X"和"尺寸.Z"都为2000cm，"尺寸.Y"为5cm，"分段X"和"分段Z"都为20，"分段Y"为1，如图16-111所示。

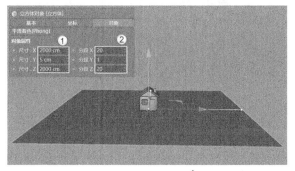

图16-111

02 将上一步创建的立方体转换为可编辑对象，在"点"模式 中调整地面的外轮廓，如图16-112所示。

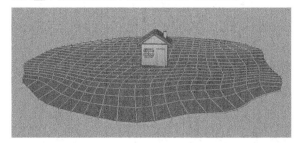

图16-112

> **技巧与提示**
> 用"笔刷"工具 调整会更快且效果更好。

03 为地面模型添加"置换"变形器 ，设置"高度"为50cm，在"着色器"通道中加载"噪波"贴图，如图16-113所示。

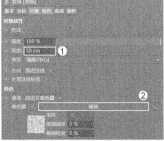

图16-113

04 添加"减面"生成器 ，设置"减面强度"为80%，如图16-114所示。

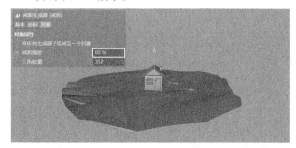

图16-114

05 使用"球体"工具 在地面下方创建一个半球体模型，设置"半径"为790cm，"分段"为48，"类型"为"半球体"，如图16-115所示。

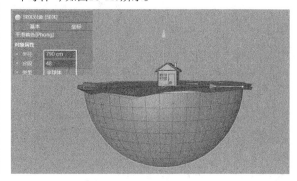

图16-115

06 将上一步创建的半球体转换为可编辑对象，调整半球体的形态，使其与地面模型轮廓相似，如图16-116所示。

图16-116

07 为半球体添加"置换"变形器 ，设置"高度"为50cm，在"着色器"通道中加载"噪波"贴图，如图16-117所示。

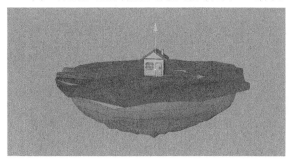

图16-117

⑧ 添加"减面"生成器 ，设置"减面强度"为85%，如图16-118所示。

图16-118

⑨ 使用"圆锥体"工具 在场景中创建一个"底部半径"为200cm、"高度"为400cm的圆锥体，如图16-119所示。

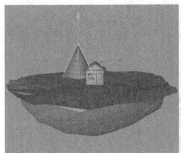

图16-119

⑩ 添加"置换"变形器 ，设置"强度"为50cm，并添加"噪波"贴图，如图16-120所示。

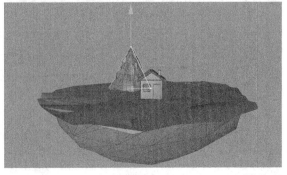

图16-120

⑪ 添加"减面"生成器 ，设置"减面强度"为80%，如图16-121所示，

图16-121

⑫ 将模型复制多份，并修改圆锥的参数以形成大小不等的山体模型，如图16-122所示。

图16-122

📝 技巧与提示

　　在调整复制的圆锥参数时，可以适当增大或减小"置换"变形器 的"强度"参数，这样山体模型不会显得褶皱太多。

3.植物

① 使用"立方体"模型 在场景中创建一个立方体作为树干，如图16-123所示。这里不具体提供立方体的参数，读者请根据效果自行设置。

图16-123

② 将立方体转换为可编辑对象，在"边"模式 中选中图16-124所示的边，使用"循环/路径切割"工具 添加两条循环边，如图16-125所示。

图16-124

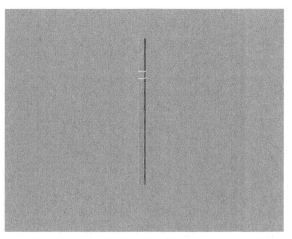

图16-125

03 在"多边形"模式 下选中图16-126所示的多边形，然后使用"挤压"工具 向外挤出一定距离，如图16-127所示。

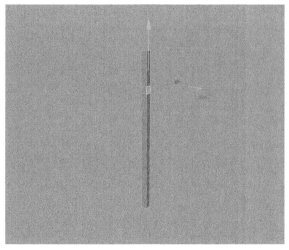

图16-126

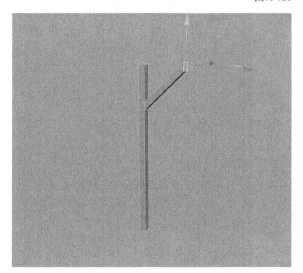

图16-127

04 调整树干模型的造型，效果如图16-128所示。

图16-128

05 创建一个球体作为树冠，如图16-129所示。

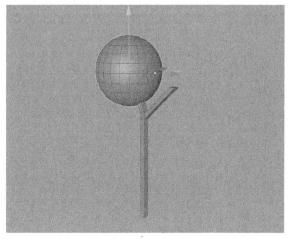

图16-129

06 为球体添加"置换"变形器 和"减面"生成器 制作减面效果，如图16-130所示。

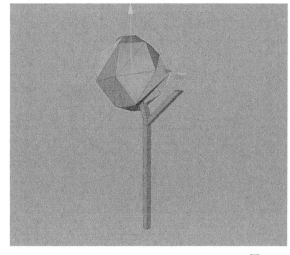

图16-130

07 将球体复制一个并增大体积，效果如图16-131所示。

图16-131

08 调整树干的造型，使其有粗有细，如图16-132所示。

图16-132

09 将树模型编组后复制多份，并缩放其大小，如图16-133所示。

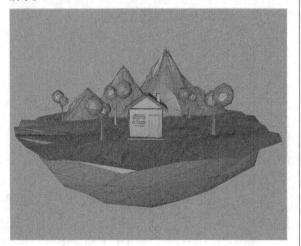

图16-133

10 使用"立方体"工具 ● 立方体 在场景中创建一个立方体模型作为草，将其转换为可编辑对象后调整立方体的形状，如图16-134所示。

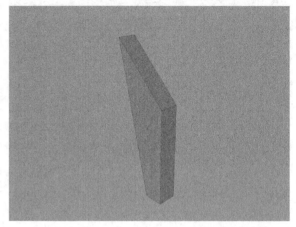

图16-134

11 将立方体复制3份，拼合为一组草，如图16-135所示。

图16-135

12 将草模型编组后复制多份，并缩放大小，效果如图16-136所示。

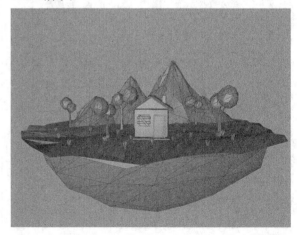

图16-136

4.配景

① 使用"球体"工具 在画面下方创建一个"半径"为80cm的球体,如图16-137所示。

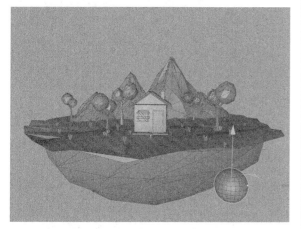

图16-137

② 为球体模型添加"置换"变形器 和"减面"生成器 ,效果如图16-138所示。

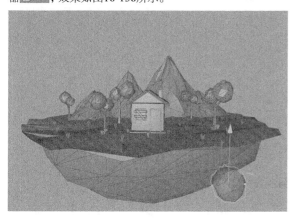

图16-138

③ 将该模型复制多份,并适当调整大小,形成坠落的石块效果,如图16-139所示。

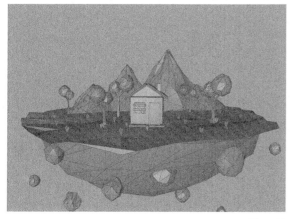

图16-139

④ 使用"球体"工具 在画面上方创建一个"半径"为80cm的球体作为云朵,如图16-140所示。

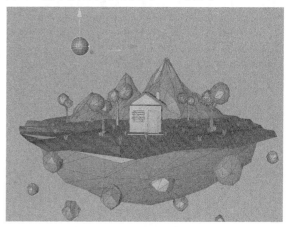

图16-140

⑤ 将球体复制两份并缩小体积,如图16-141所示。

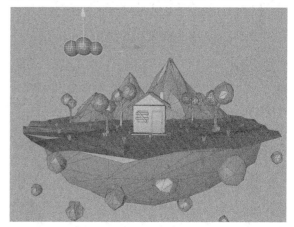

图16-141

⑥ 为3个球体添加"融球"生成器 ,设置"外壳数值"为120%,"编辑器细分"为50cm,如图16-142所示。

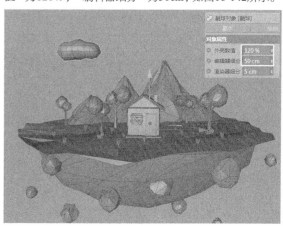

图16-142

07 将云朵模型复制一份并缩小，效果如图16-143所示。至此，本案例的模型全部制作完成。

图16-143

16.3.2 灯光与环境创建

本案例的灯光由主光源、辅助光源和环境光源组成。

1.主光源

01 使用"灯光"工具🔆在场景中创建灯光，位置如图16-144所示。

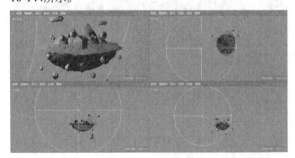

图16-144

02 选中创建的灯光，在"常规"选项卡中设置"颜色"为白色，"强度"为100%，"投影"为"区域"，然后在"细节"选项卡中设置"衰减"为"平方倒数（物理精度）"，"半径衰减"为3205.625cm，如图16-145所示。

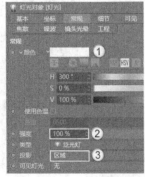

图16-145

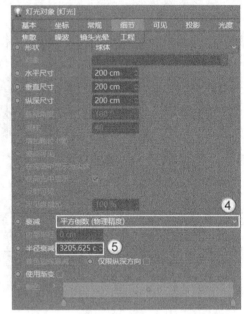

图16-145（续）

03 按快捷键Ctrl+R预览灯光效果，如图16-146所示。

图16-146

04 灯光离模型距离太近，造成左侧部分曝光。移动灯光，使其远离模型，渲染效果如图16-147所示。

图16-147

2.辅助光源

01 将创建的灯光复制一份放在画面右侧，位置如图16-148所示。

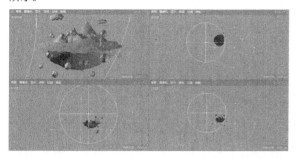

图16-148

02 选中复制的灯光，在"常规"选项卡中修改"强度"为60%，如图16-149所示。

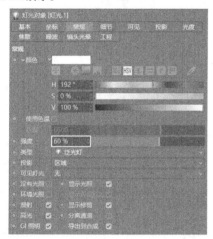

图16-149

03 按快捷键Ctrl+R预览渲染效果，如图16-150所示。

图16-150

3.环境光源

01 左下角仍然有黑色的部分。使用"天空"工具 在场景中创建天空模型，如图16-151所示。

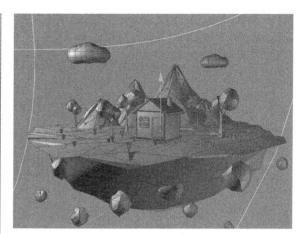

图16-151

02 按快捷键Shift+F8打开"内容浏览器"，选中"Sunny - Marketplace 03"文件并将其赋予天空模型，如图16-152和图16-153所示。

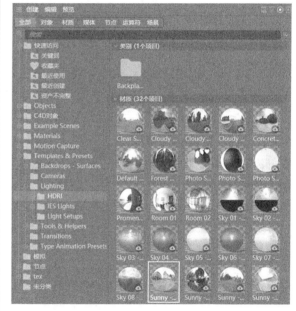

图16-152

图16-153

⑱ 在"对象"面板选中"天空",为其添加"合成"标签 合成 ,然后取消勾选"摄像机可见"选项,如图16-154所示。

图16-154

⑭ 按快捷键Ctrl+R预览渲染效果,如图16-155所示。

图16-155

⑮ 根据灯光效果,调整个别模型的位置和参数,效果如图16-156所示。

图16-156

16.3.3 材质制作

本案例的材质都是一些纯色的材质,制作较为简单。只需要制作一种材质,其他材质在原有材质的基础上复制并修改颜色即可。

1.橙色地面材质

⑪ 在"材质"面板中创建一个默认材质,设置"颜色"为浅橙色,如图16-157所示。

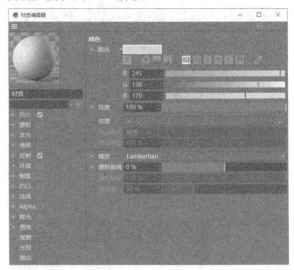

图16-157

⑫ 切换到"反射"并添加GGX,设置"粗糙度"为40%,"菲涅耳"为"绝缘体","预置"为"沥青",如图16-158所示。材质效果如图16-159所示。

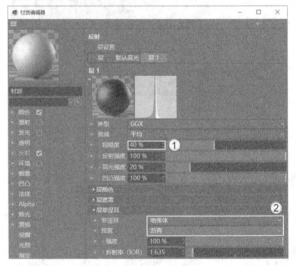

图16-158

图16-159

03 将材质赋予地面模型，效果如图16-160所示。

图16-160

2.褐色石块材质

01 将橙色地面材质复制一份，在"颜色"通道中修改"颜色"为褐色，如图16-161所示。材质效果如图16-162所示。

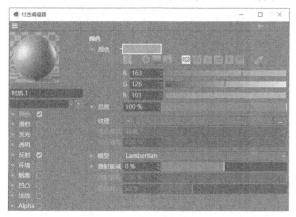

图16-161

图16-162

02 将材质赋予下方的石块和部分房屋模型，效果如图16-163所示。

图16-163

3.黄色山体材质

01 将橙色地面材质复制一份，在"颜色"通道中修改"颜色"为浅黄色，如图16-164所示。材质效果如图16-165所示。

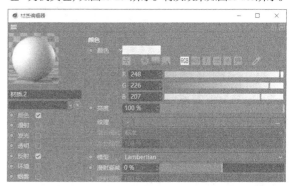

图16-164

图16-165

02 将材质赋予场景中的山体模型，效果如图16-166所示。

图16-166

4.红色树冠材质

01 将橙色地面材质复制一份，在"颜色"通道中修改"颜色"为红色，如图16-167所示。材质效果如图16-168所示。

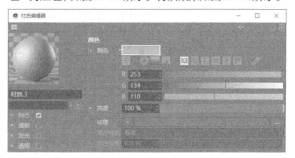

图16-167

图16-168

02 将材质赋予场景中的树冠模型,如图16-169所示。

图16-169

5.白色房屋材质

01 将橙色地面材质复制一份,在"颜色"通道中修改"颜色"为白色,如图16-170所示。材质效果如图16-171所示。

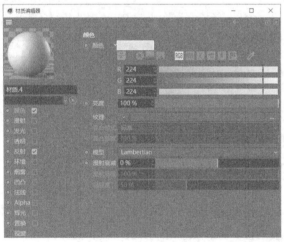

图16-170

图16-171

02 将材质赋予场景中房屋的其他模型和天空的云朵模型,效果如图16-172所示。

图16-172

03 根据场景中的模型,将现有的材质赋予剩余的模型,效果如图16-173所示。

图16-173

6.背景材质

01 使用"背景"工具 在场景中创建一个背景,然后新建一个默认材质,设置"颜色"为乳白色,如图16-174所示。材质效果如图16-175所示。

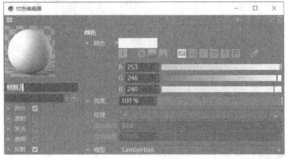

图16-174

图16-175

02 将材质赋予背景模型，渲染效果如图16-176所示。

图16-176

03 此时发现画面整体曝光，需要降低灯光的强度。调整主光源的灯光"强度"为80%，然后选中"Sunny - Marketplace 03"材质，在"纹理"通道中修改"白点"为3，如图16-177所示。

图16-177

04 调整"背景"材质的颜色为浅红色，渲染后的效果如图16-178所示。

图16-178

16.3.4 渲染输出

01 单击"摄像机"按钮，在场景中创建一部摄像机，并调整渲染视图的角度，如图16-179所示。

图16-179

02 按快捷键Ctrl+B打开"渲染设置"面板，在"输出"中设置"宽度"为1280像素，"高度"为720像素，如图16-180所示。

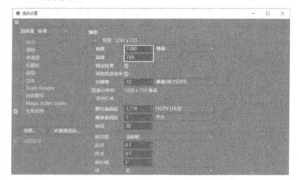

图16-180

03 切换到"抗锯齿"，设置"抗锯齿"为"最佳"，"最小级别"为2×2，"最大级别"为4×4，"过滤"为Mitchell，如图16-181所示。

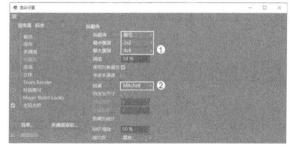

图16-181

04 单击"效果"按钮 效果... 添加"全局光照"，设置"主算法"为"准蒙特卡罗（QMC）"，"次级算法"为"辐照缓存"，如图16-182所示。

图16-182

05 按快捷键Shift+R渲染场景，效果如图16-183所示。

图16-183

16.4 综合实例：音乐流水线

场景文件	无
实例文件	实例文件>CH16>综合实例：音乐流水线.c4d
视频名称	综合实例：音乐流水线.mp4
学习目标	练习体素类效果图的制作

流水线模型是常见的场景类型，通过多个模型串联成一个相对复杂的场景。本案例需要制作一个流水线场景，效果如图16-184所示。

图16-184

16.4.1 模型制作

本案例的模型由3个装置模型和1个配件组成，下面将逐一进行讲解。

1.装置模型1

01 使用"立方体"工具 <kbd>立方体</kbd> 在场景中创建一个立方体模型，设置"尺寸.X"为100cm，"尺寸.Y"为250cm，"尺寸.Z"为200cm，勾选"圆角"选项，设置"圆角半径"为2cm，"圆角细分"为3，如图16-185所示。

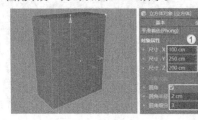

图16-185

02 使用"圆柱体"工具 <kbd>圆柱体</kbd> 在立方体的上方创建一个圆柱体模型，设置"半径"为15cm，"高度"为20cm，如图16-186所示。

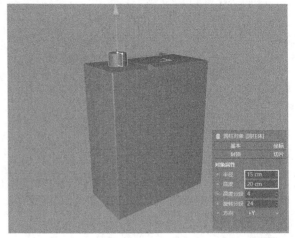

图16-186

03 将圆柱体转换为可编辑对象，在"多边形"模式 中选中图16-187所示的多边形，然后使用"内部挤压"工具 <kbd>内部挤压</kbd> 向内挤压2cm，如图16-188所示。

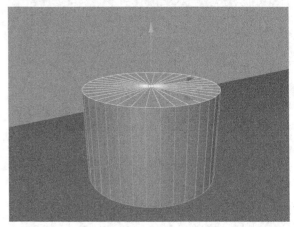

图16-187

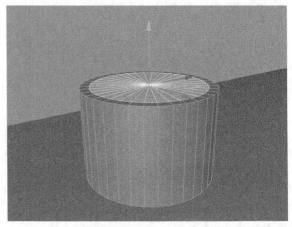

图16-188

④ 保持选中的多边形不变，使用"挤压"工具 🔧挤压 向下挤出 – 10cm，如图16-189所示。

图16-189

⑤ 在"边"模式 🔧 中选中图16-190所示的边，然后使用"倒角"工具 🔧倒角 设置倒角的"偏移"为0.4cm，"细分"为3，如图16-191所示。

图16-190

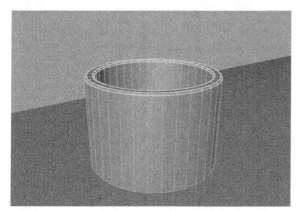

图16-191

🔧 知识点：倒角时出现破面该怎么办

在"倒角"时发现倒角边出现破损，如图16-192所示。遇到这种情况，需要先切换到"点"模式 🔧 选中所有的点，然后使用"优化"工具 🔧优化 优化模型，如图16-193所示，再返回"边"模式 🔧 中进行倒角。

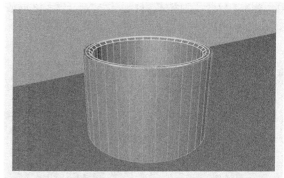

图16-192

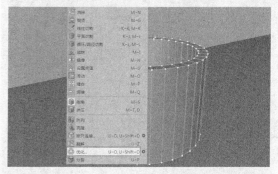

图16-193

⑥ 使用"画笔"工具 🔧 在正视图中绘制一个直角样条，如图16-194所示。

图16-194

⑦ 选中转角的点，使用"倒角"工具 🔧倒角 将其设置为"半径"为20cm的圆角，如图16-195所示。

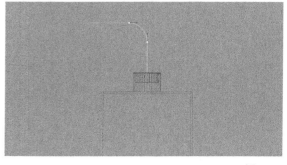

图16-195

⑧ 使用"圆环"工具 ○ 圆环 创建一个"半径"为13cm的圆环，然后使用"扫描"生成器 ∥ 扫描 将其与样条组合为一个管道模型，如图16-196所示。

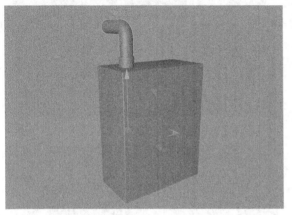

图16-196

⑨ 将圆柱体和管道复制一份放在另一侧，如图16-197所示。

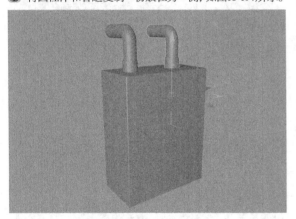

图16-197

⑩ 使用"立方体"工具 ● 立方体 创建一个小立方体，设置"尺寸.X"为5cm，"尺寸.Y"为100cm，"尺寸.Z"为15cm，勾选"圆角"选项，设置"圆角半径"为1cm，"圆角细分"为2，如图16-198所示。

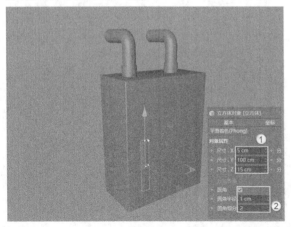

图16-198

⑪ 将模型复制3份，效果如图16-199所示。

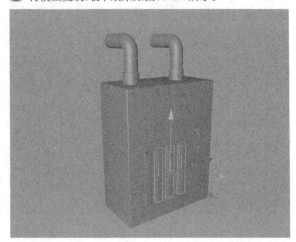

图16-199

⑫ 将小立方体复制一份，修改"尺寸.X"为10cm，"尺寸.Y"为10cm，"尺寸.Z"为18cm，如图16-200所示。

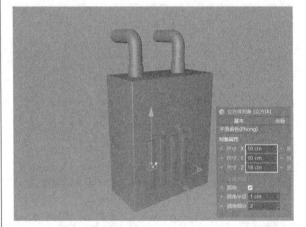

图16-200

⑬ 将修改后的小立方体复制3份，如图16-201所示。

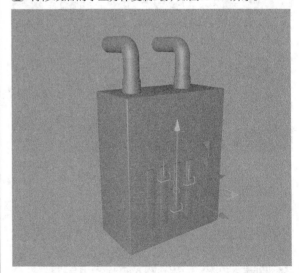

图16-201

⑭ 使用"球体"工具 创建一个半球体，设置"半径"为10cm，"分段"为24，"类型"为"半球体"，如图16-202所示。

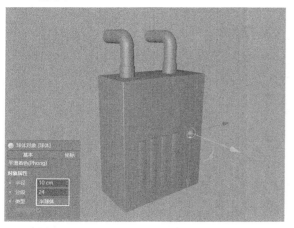

图16-202

⑮ 将半球体向下复制3份，效果如图16-203所示。

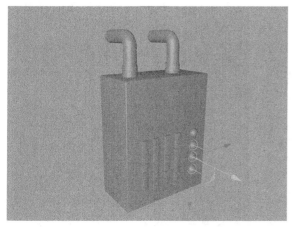

图16-203

⑯ 使用"文本样条"工具 在立方体空白的区域输入Music，设置"字体"为"思源黑体Bold"，"高度"为50cm，如图16-204所示。

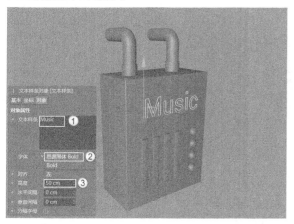

图16-204

⑰ 为文本添加"挤压"生成器 ，设置"偏移"为5cm，"尺寸"为0.5cm，"分段"为1，如图16-205所示。

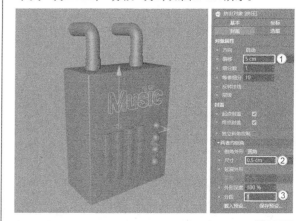

图16-205

⑱ 将圆柱体向下复制一个放在侧面，并适当放大，如图16-206所示。

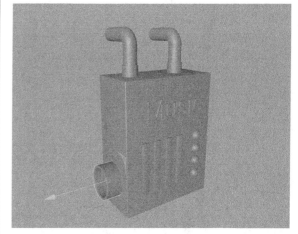

图16-206

⑲ 使用"画笔"工具 在侧边绘制一个样条，如图16-207所示。

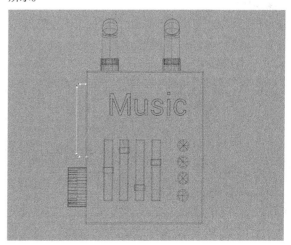

图16-207

⑳ 使用"圆环"工具 ○ 圆环 绘制一个"半径"为2cm的圆环，然后使用"扫描"生成器 ✐ 扫描 生成模型，如图16-208所示。

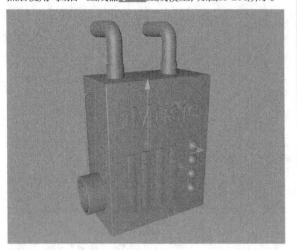

图16-208

㉑ 将上一步生成的模型复制两份，效果如图16-209所示。至此，装置模型1制作完成。

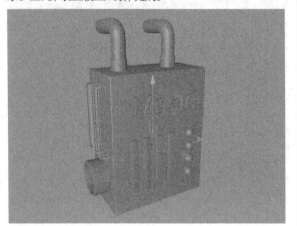

图16-209

2.装置模型2

① 使用"球体"工具 ● 球体 在场景中创建一个球体模型，设置"半径"为80cm，"分段"为24，"类型"为"六面体"，如图16-210所示。

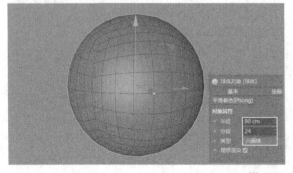

图16-210

② 将上一步创建的球体转换为可编辑对象，在"多边形"模式 █ 中选中图16-211所示的多边形。使用"挤压"工具 ✐ 挤压 向外挤出3cm，如图16-212所示。

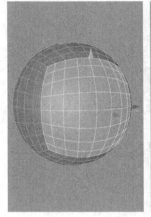 

图16-211　　　　　　　　　图16-212

③ 保持选中的多边形不变，使用"内部挤压"工具 ○ 内部挤压 向内收缩5cm，然后使用"移动"工具 ✛ 向外移动一小段距离，如图16-213和图16-214所示。

图16-213　　　　　　　　　图16-214

④ 将装置模型1中的圆柱体和扫描的模型复制到球体模型上，并适当调整其大小，如图16-215所示。

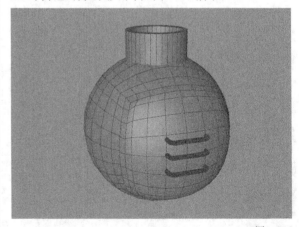

图16-215

05 使用"圆柱体"工具 ⬚ 圆柱体 在球体模型下方创建一个圆柱体模型,设置"半径"为100cm,"高度"为15cm,勾选"圆角"选项,设置"分段"为3,"半径"为3cm,如图16-216所示。

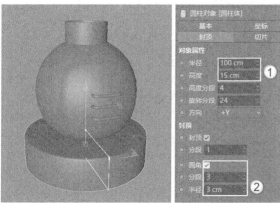

图16-216

06 将球体顶部的圆柱体向下复制两个并将其缩小,如图16-217所示。至此,装置模型2制作完成。

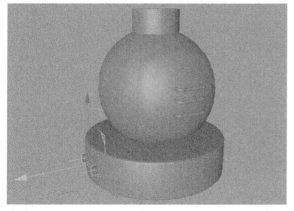

图16-217

3.装置模型3

01 使用"矩形"工具 ▭ 矩形 绘制一个"宽度"和"高度"都为150cm的矩形,然后使用"圆环"工具 ◯ 圆环 绘制一个"半径"为60cm的圆环,如图16-218所示。

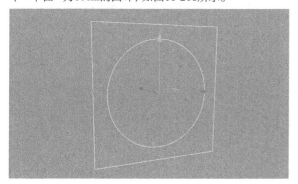

图16-218

02 使用"样条布尔"生成器 ⬡ 样条布尔 对两个图形样条进行布尔运算,如图16-219所示。

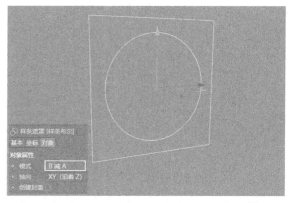

图16-219

03 为进行布尔运算后的样条添加"挤压"生成器 ⬚ ,设置"偏移"为200cm,"尺寸"为2cm,"分段"为3,如图16-220所示。

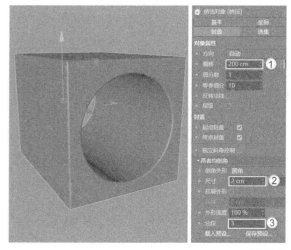

图16-220

04 使用"圆环"工具 ◯ 圆环 绘制一个圆环样条,勾选"环状"选项,设置"半径"为60cm,"内部半径"为55cm,如图16-221所示。

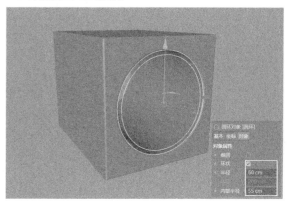

图16-221

05 为上一步绘制的圆环样条添加"挤压"生成器，具体参数及效果如图16-222所示。

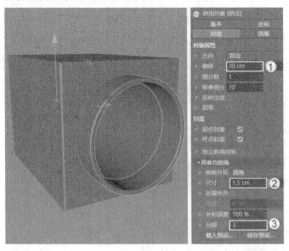

图16-222

06 使用"矩形"工具 绘制一个"宽度"为500cm、"高度"为20cm、圆角"半径"为10cm的圆角矩形，如图16-223所示。

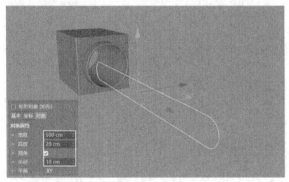

图16-223

07 使用"矩形"工具 绘制一个"宽度"为5cm、"高度"为80cm、圆角"半径"为2.5cm的圆角矩形，然后用"扫描"生成器 将其生成为模型，效果如图16-224所示。

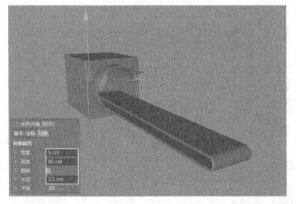

图16-224

08 使用"圆柱体"工具 在场景中创建一个圆柱体，具体参数及效果如图16-225所示。

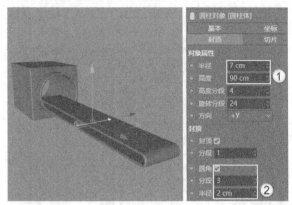

图16-225

09 将圆柱体复制多个放在传送带模型中间，如图16-226所示。

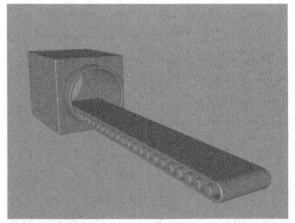

图16-226

10 使用"立方体"工具 在大立方体上创建一个小立方体，效果如图16-227所示。

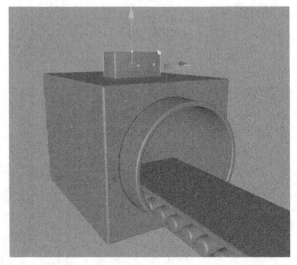

图16-227

⑪ 将装置模型1中的半球体复制两份放在小立方体上，如图16-228所示。至此，装置模型3制作完成。

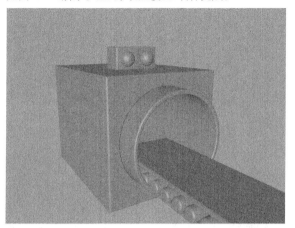

图16-228

4.配件

① 使用"画笔"工具 绘制各个装置间连接管道的路径，如图16-229所示。

图16-229

② 使用"圆环"工具 绘制两个"半径"分别为28cm和5cm的圆环，然后使用"扫描"生成器 将其生成为管道模型，效果如图16-230所示。

图16-230

> 📝 **技巧与提示**
>
> 读者最好先按照镜头角度将3个装置模型的位置移动到合适位置后再添加管道模型，否则会增加修改的步骤。

③ 使用"立方体"工具 在装置模型1的下方创建一个立方体作为平台，具体参数及效果如图16-231所示。

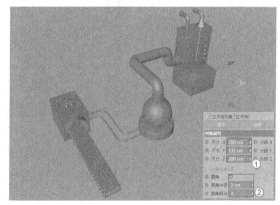

图16-231

④ 使用"立方体"工具 在模型下方创建3个立方体作为地面，如图16-232所示。

图16-232

⑤ 将地面的3个立方体复制一份作为墙体，如图16-233所示。

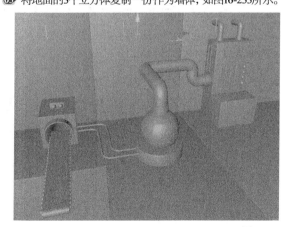

图16-233

06 调整3个装置模型的位置，让画面显得更加饱满，如图16-234所示。

图16-234

07 在背景墙面上添加一些装饰，效果如图16-235所示。装饰的模型可以从之前的模型中复制修改。至此，本案例的模型全部制作完成。

图16-235

📝 **技巧与提示**

　　在管道内可以用"融球"生成器▶制作一些液体模型，后续添加材质时，就不会显得画面不丰富。

16.4.2 灯光与环境创建

1.主光源

01 使用"灯光"工具在场景中创建灯光，位置如图16-236所示。

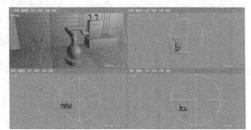

图16-236

02 选中创建的灯光，在"常规"选项卡中设置"颜色"为白色，"强度"为100%，"投影"为"区域"，如图16-237所示。

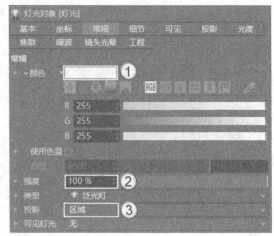

图16-237

03 在"细节"选项卡中设置"衰减"为"平方倒数（物理精度）"，"半径衰减"为2160cm，如图16-238所示。

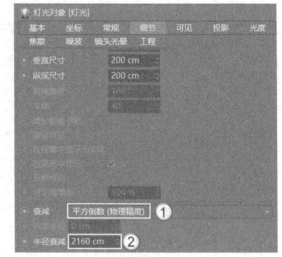

图16-238

04 按快捷键Ctrl+R预览灯光效果，如图16-239所示。

图16-239

2.辅助光源

01 将创建的灯光复制一份放在画面右侧，位置如图16-240所示。

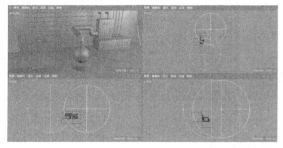

图16-240

02 选中复制的灯光，在"常规"选项卡中修改"颜色"为浅蓝色，"强度"为60%，如图16-241所示。

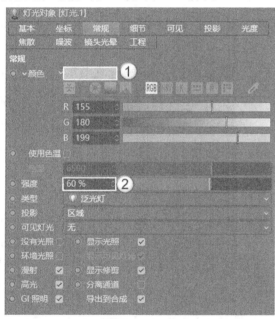

图16-241

03 按快捷键Ctrl+R预览渲染效果，如图16-242所示。

图16-242

3.环境光源

观察发现，左下角仍然有黑色的部分。使用"天空"工具 在场景中创建天空模型。按快捷键Shift+F8打开"资产浏览器"，选中图16-243所示的材质并将其赋予天空模型，效果如图16-244所示。

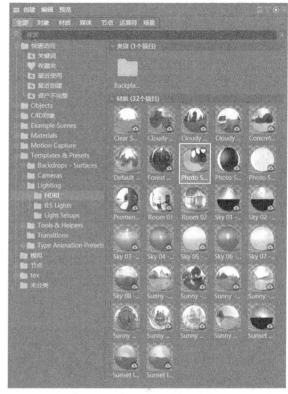

图16-243

图16-244

📝 **技巧与提示**

本案例中背景板挡住天空模型，因此不需要添加"合成"标签 让天空模型不可见。

16.4.3 材质制作

本案例的场景需要制作纯色塑料材质、玻璃材质和金属材质，下面逐一讲解。

1.深蓝色材质

01 在"材质"面板中创建一个默认材质，设置"颜色"为深蓝色，如图16-245所示。

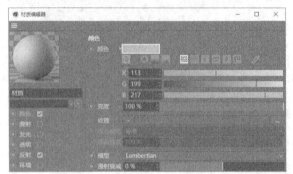

图16-245

02 切换到"反射"并添加GGX，设置"粗糙度"为20%，"菲涅耳"为"绝缘体"，"预置"为"沥青"，如图16-246所示。材质效果如图16-247所示。

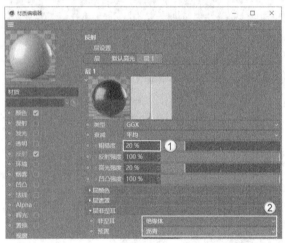

图16-246

图16-247

03 将材质赋予场景中的部分模型，效果如图16-248所示。

图16-248

2.青色材质

01 将深蓝色材质复制一份，在"颜色"中修改"颜色"为青色，如图16-249所示。

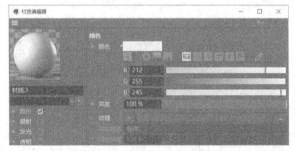

图16-249

02 切换到"反射"，修改"粗糙度"为10%，如图16-250所示。材质效果如图16-251所示。

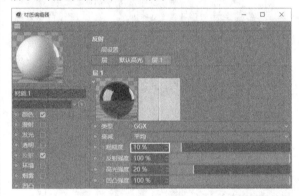

图16-250

图16-251

⑬ 将材质赋予场景中的部分模型，效果如图16-252所示。

图16-252

3.浅蓝色材质

⑪ 将青色材质复制一份，在"颜色"中修改"颜色"为浅蓝色，如图16-253所示。材质效果如图16-254所示。

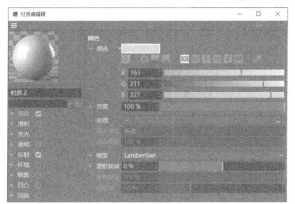

图16-253

图16-254

⑫ 将材质赋予场景中的部分模型，效果如图16-255所示。

图16-255

4.玻璃材质

⑪ 新建一个默认材质，勾选"透明"选项，然后设置"折射率预设"为"玻璃"，如图16-256所示。材质效果如图16-257所示。

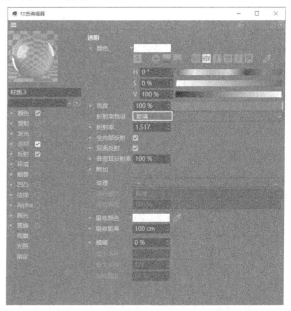

图16-256

图16-257

⑫ 将材质赋予场景中的管道模型，如图16-258所示。

图16-258

5.白色金属材质

01 将青色塑料材质复制一份，修改"颜色"为白色，然后在"反射"中修改"粗糙度"为30％，"菲涅耳"为"导体"，"预置"为"钢"，如图16-259所示。材质效果如图16-260所示。

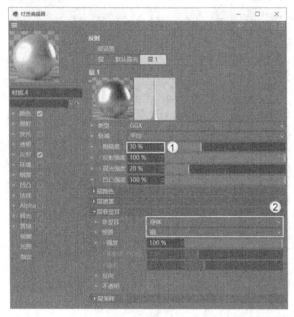

图16-259

图16-260

02 将材质赋予场景中的部分模型，效果如图16-261所示。

图16-261

6.黑色金属材质

01 将白色金属材质复制一份，然后取消勾选"颜色"选项，接着在"反射"中修改"粗糙度"为50％，如图16-262所示。材质效果如图16-263所示。

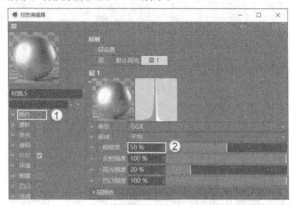

图16-262

图16-263

02 将材质赋予场景中剩余的模型，效果如图16-264所示。

图16-264

> 📝 **技巧与提示**
>
> 传送带上的字母模型和管道内的液体模型使用绿色的塑料材质，用以区分场景。由于绿色塑料材质的制作方法与浅蓝色塑料材质相同，这里不再赘述。读者也可以自行将其设置为其他颜色。

16.4.4 渲染输出

01 单击"摄像机"按钮![按钮], 在场景中创建一部摄像机, 并调整渲染视图的角度, 如图16-265所示。

图16-265

02 按快捷键Ctrl+B打开"渲染设置"面板, 在"输出"中设置"宽度"为1280像素, "高度"为720像素, 如图16-266所示。

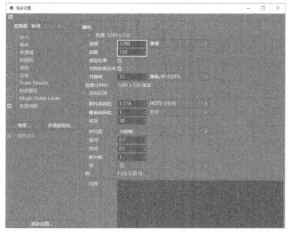

图16-266

03 切换到"抗锯齿", 设置"抗锯齿"为"最佳", "最小级别"为2×2, "最大级别"为4×4, "过滤"为Mitchell, 如图16-267所示。

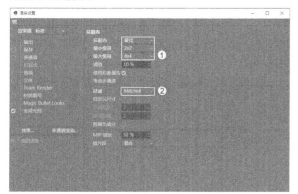

图16-267

04 单击"效果"按钮![效果...]添加"全局光照", 设置"主算法"为"准蒙特卡罗（QMC）", "次级算法"为"辐照缓存", 如图16-268所示。

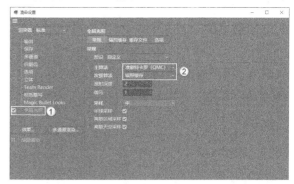

图16-268

05 按快捷键Shift+R渲染场景, 效果如图16-269所示。

图16-269

16.5 综合实例: 电风扇产品展示

场景文件	无
实例文件	实例文件>CH16>综合实例: 电风扇产品展示.c4d
视频名称	综合实例: 电风扇产品展示.mp4
学习目标	练习电商类效果图的制作

电商产品展示是Cinema 4D商业案例中经常出现的类型。本案例制作电风扇产品展示海报, 效果如图16-270所示。

图16-270

16.5.1 模型制作

模型分为电风扇模型和展台模型两部分进行制作，下面将逐一讲解。

1.电风扇模型

01 使用"样条画笔"工具█绘制扇叶的轮廓，如图16-271所示。这个轮廓将作为下面制作扇叶模型的参考。

图16-271

02 新建一个立方体模型，然后设置"尺寸.X"和"尺寸.Y"都为200cm，"尺寸.Z"为2cm，"分段X"和"分段Y"都为6，如图16-272所示。

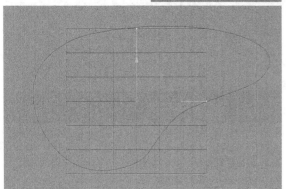

图16-272

03 将上一步创建的立方体模型转换为可编辑对象，然后按照扇叶的轮廓调整立方体的造型，如图16-273所示。

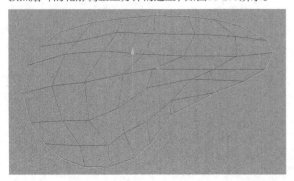

图16-273

04 为调整后的扇叶模型添加"细分曲面"生成器█，模型的边缘会变得圆滑，如图16-274所示。

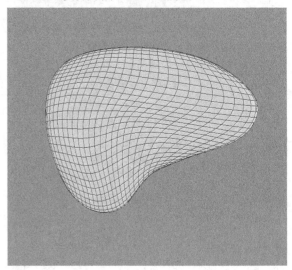

图16-274

05 观察扇叶模型，会发现模型厚度不够。选中"立方体"对象，然后使用"缩放"工具█增加模型的厚度，如图16-275所示。

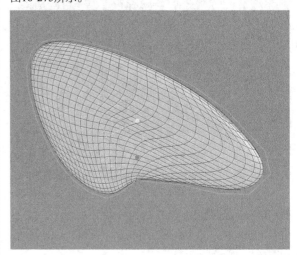

图16-275

06 扇叶模型应带有一些弧度。为"细分曲面"添加"空白"父层级，然后添加"扭曲"变形器█并放在"空白"对象的子层级中，如图16-276所示。

图16-276

07 选中"扭曲"变形器 ，然后调整边框的大小，使其包裹住扇叶模型，然后设置"角度"为-35°，模型效果如图16-277所示。

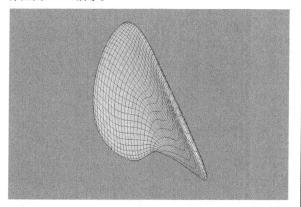

图16-277

08 使用"圆柱体"工具 在场景中新建一个圆柱体模型，具体参数设置如图16-278所示。

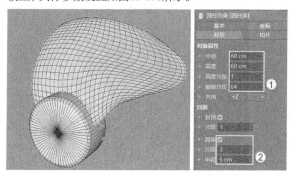

图16-278

09 选中扇叶模型，然后为其添加"克隆"生成器 ，将其复制两个并围绕在圆柱体模型周围，具体参数如图16-279所示。

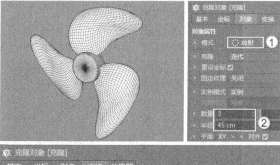

图16-279

10 观察模型，发现中间的圆柱体偏小。修改圆柱体的"半径"为80cm，效果如图16-280所示。

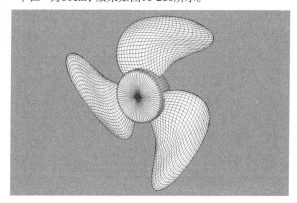

图16-280

11 将圆柱体模型向后复制一份，然后修改"半径"为90cm，"高度"为100cm，效果如图16-281所示。

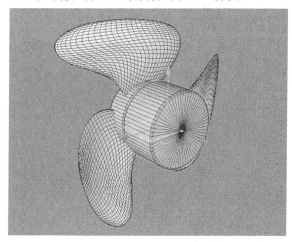

图16-281

12 将上一步复制的圆柱体转换为可编辑对象，然后选中图16-282所示的多边形，接着使用"挤压"工具 向外挤出5cm，如图16-283所示。

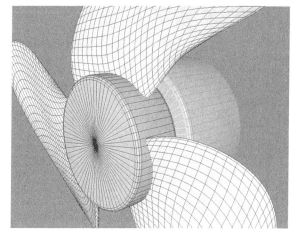

图16-282

255

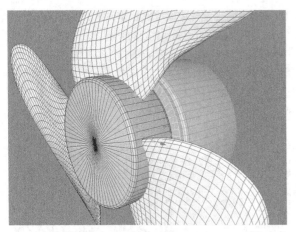

图16-283

⓭ 保持选中的多边形不变，然后使用"内部挤压"工具 [内部挤压] 向内挤压10cm，接着使用"挤压"工具 [挤压] 向外挤出5cm，如图16-284和图16-285所示。至此，扇叶和电机部分就制作完成了。

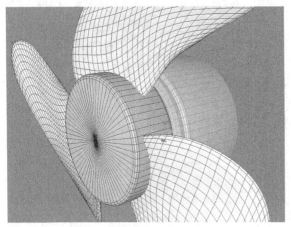

图16-284

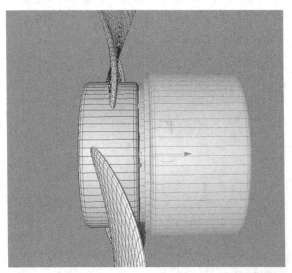

图16-285

⓮ 下面制作风扇的风罩。使用"圆柱体"工具 [圆柱体] 在电机模型的后方创建一个"半径"为100cm、"高度"为10cm的圆柱体，如图16-286所示。

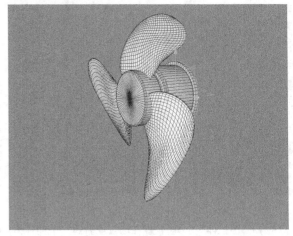

图16-286

⓯ 使用"样条画笔"工具 在顶视图中绘制风罩隔档的路径，如图16-287所示。

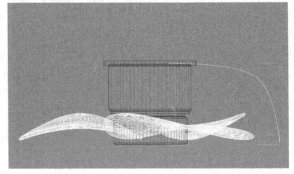

图16-287

⓰ 使用"矩形"工具 [矩形] 绘制一个"宽度"为8cm、"高度"为6cm、"圆角半径"为2cm的矩形，然后对其与上一步绘制的路径进行扫描，效果如图16-288所示。

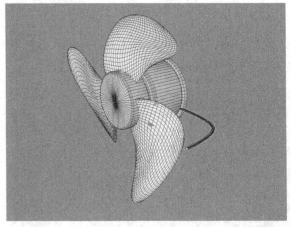

图16-288

⑰ 为扫描生成的模型添加"克隆"生成器🔩，克隆30个隔档模型，具体参数及效果如图16-289所示。

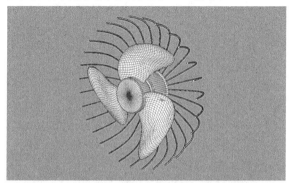

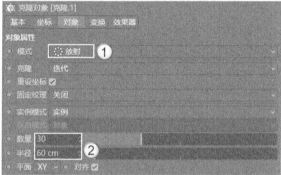

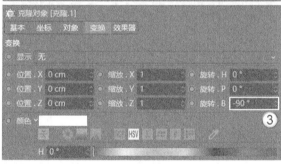

图16-289

⑱ 使用"管道"工具█████在隔档模型前方创建一个管道模型，具体参数及效果如图16-290所示。

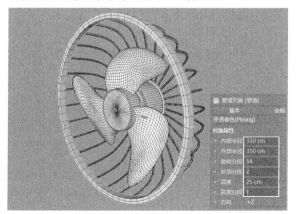

图16-290

⑲ 将上一步创建的管道模型转换为可编辑对象，然后选中图16-291所示的多边形，使用"挤压"工具🔲向外挤出20cm，如图16-292所示。

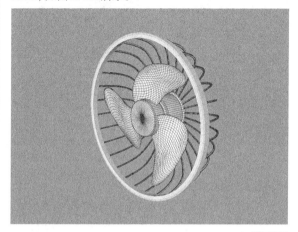

图16-291

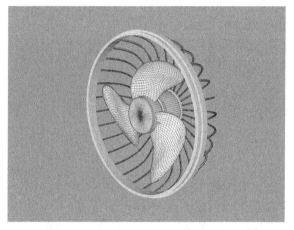

图16-292

⑳ 切换到"边"模式█，然后选中图16-293所示的边，使用"倒角"工具 🔲 倒角 倒角2cm，如图16-294所示。

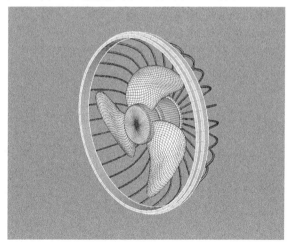

图16-293

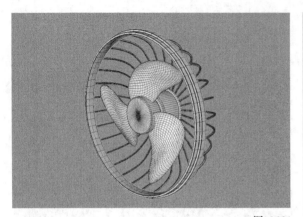

图16-294

　　倒角后会在模型边缘形成圆角效果，更符合真实模型接缝处的效果。

㉑ 使用"管道"工具 █ 管道 创建一个管道模型，具体参数及效果如图16-295所示。

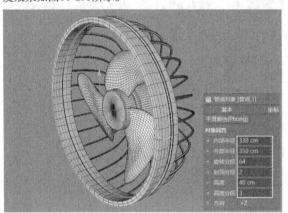

图16-295

㉒ 将上一步创建的管道模型转换为可编辑对象，然后选中图16-296所示的多边形，并使用"挤压"工具 █ 挤压 向外挤出20cm，如图16-297所示。

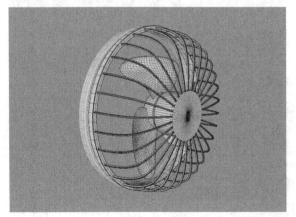

图16-296

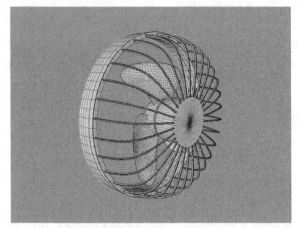

图16-297

㉓ 切换到"边"模式 █，然后选中图16-298所示的边，并使用"倒角"工具 █ 倒角 倒角2cm，如图16-299所示。

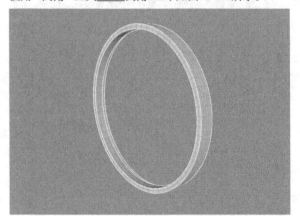

图16-298

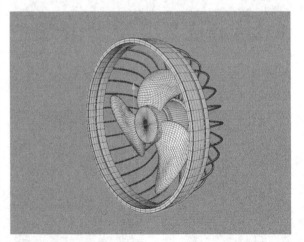

图16-299

　　选中模型后单击"视窗独显"按钮 █，就可以单独显示选中的模型，方便制作时观察。再次单击该按钮，就可以显示隐藏的模型。

㉔ 使用"管道"工具 ⬛管道 在场景中创建一个管道模型，具体参数及效果如图16-300所示。

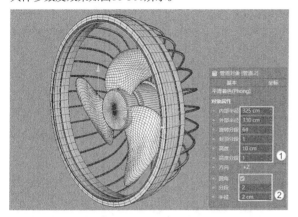

图16-300

㉕ 使用"圆柱体"工具 ⬛圆柱体 在管道模型内创建一个圆柱体模型，具体参数及效果如图16-301所示。

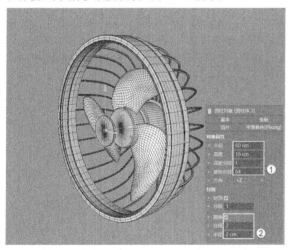

图16-301

㉖ 使用"立方体"工具 ⬛立方体 在管道和圆柱体中间创建一个立方体模型，具体参数及效果如图16-302所示。

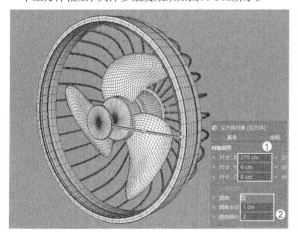

图16-302

㉗ 为上一步创建的立方体模型添加"克隆"生成器 ⬛，具体参数及效果如图16-303所示。至此，电风扇的风扇部分就制作完成了，下面制作底座部分。

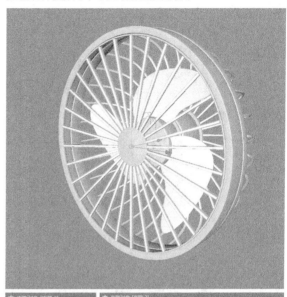

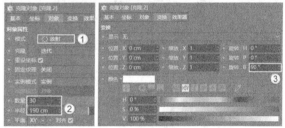

图16-303

㉘ 将模型进行局部的调整，使其外观更加好看，效果如图16-304所示。

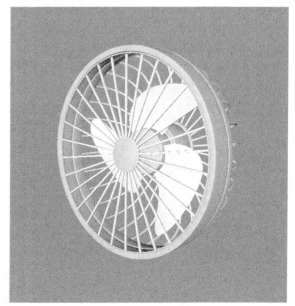

图16-304

259

㉙ 使用"圆环"工具 ⃝ 圆环 在风扇周围绘制一个"半径"为360cm的圆环样条,如图16-305所示。

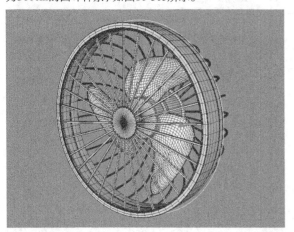

图16-305

㉚ 将上一步绘制的圆环转换为可编辑对象,然后删除上半部分,如图16-306所示。

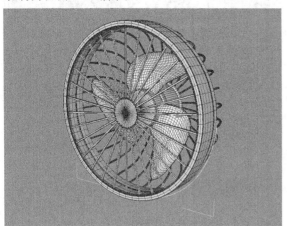

图16-306

㉛ 使用"矩形"工具 ⃞ 矩形 绘制一个"宽度"为5cm、"高度"为60cm的矩形,对其与编辑后的圆环进行扫描,并调整圆环的点的位置,效果如图16-307所示。

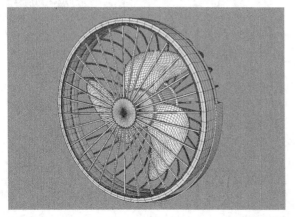

图16-307

㉜ 将扫描生成的模型转换为可编辑对象,然后使用"循环/路径切割"工具 ✂ 循环/路径切割 在模型上添加两条循环线,如图16-308所示。

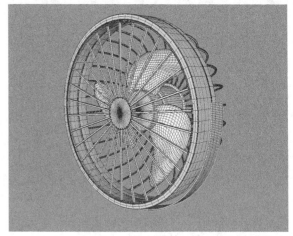

图16-308

㉝ 在"点"模式 ⃝ 中调整模型边缘的角度,形成一个弧度后添加"细分曲面"生成器 ⬡,效果如图16-309所示。

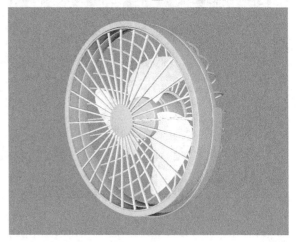

图16-309

㉞ 使用"圆柱体"工具 ⬡ 圆柱体 在模型侧面创建一个圆柱体模型进行连接,具体参数及效果如图16-310所示。

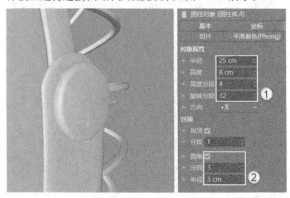

图16-310

㉟ 将上一步创建的圆柱体模型转换为可编辑对象,然后将模型内侧缩小后挤出,与风罩模型相连,如图16-311所示。

图16-311

㊱ 将编辑好的模型复制到另一侧的连接处,效果如图16-312所示。

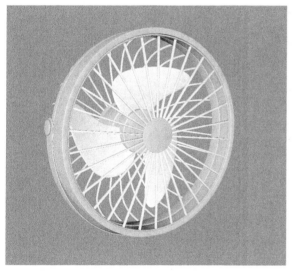

图16-312

㊲ 使用"圆柱体"工具 在下方创建一个圆柱体,具体参数及效果如图16-313所示。

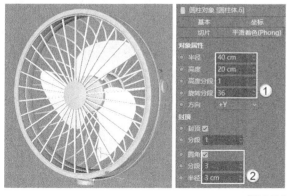

图16-313

㊳ 将上一步创建的圆柱体模型向下复制一份,具体参数及效果如图16-314所示。

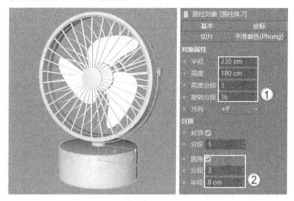

图16-314

㊴ 将上一步修改后的圆柱体模型转换为可编辑对象,然后在"边"模式 中使用"循环/路径切割"工具 在顶面添加一圈循环线,如图16-315所示。

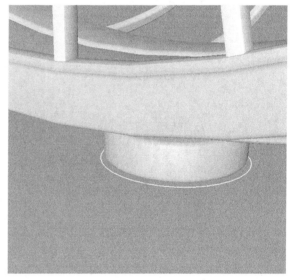

图16-315

㊵ 在"多边形"模式 中选中图16-316所示的多边形,然后向下挤压一段距离,如图16-317所示。

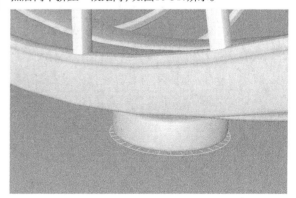

图16-316

图16-317

41 增加上方小圆柱体模型的高度，使其插入下方的大圆柱体内，如图16-318所示。

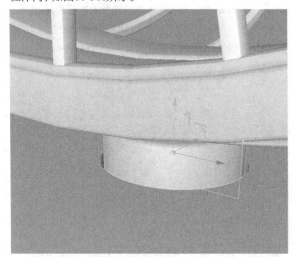

图16-318

42 使用"循环/路径切割"工具 ![循环/路径切割] 在模型上添加两条循环线，如图16-319所示。

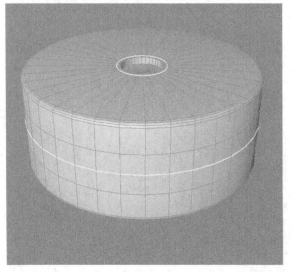

图16-319

43 切换到"点"模式 ![图标]，调整点的位置，效果如图16-320所示。

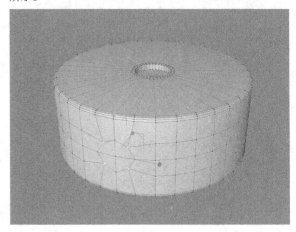

图16-320

44 切换到"多边形"模式 ![图标]，选中图16-321所示的多边形，然后使用"内部挤压"工具 ![内部挤压] 向内挤压3cm，如图16-322所示。

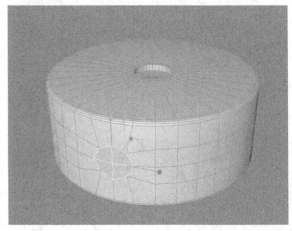

图16-321

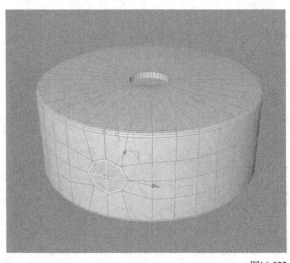

图16-322

45 选中图16-323所示的多边形，然后向内挤压一段距离，制作出缝隙的效果，如图16-324所示。

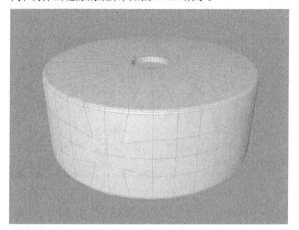

图16-323

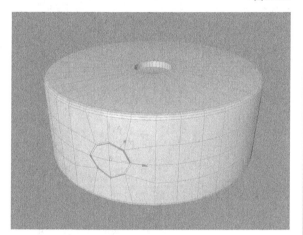

图16-324

46 为模型添加"细分曲面"生成器，效果如图16-325所示。至此，风扇模型制作完成。

图16-325

2.展台模型

01 使用"立方体"工具在场景中创建一个立方体模型，具体参数及效果如图16-326所示。

图16-326

02 将上一步创建的立方体向后复制一个，然后修改参数，效果如图16-327所示。

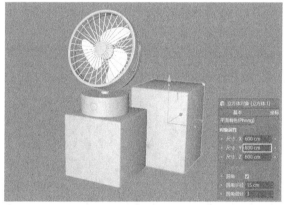

图16-327

03 使用"圆柱体"工具在场景中创建一个圆柱体模型，具体参数及效果如图16-328所示。

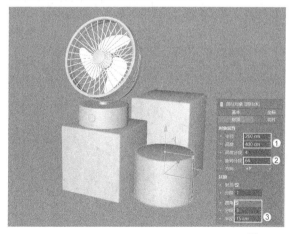

图16-328

04 使用"平面"工具 ▣平面 在场景后方添加一个平面作为背景，如图16-329所示。

图16-329

16.5.2 灯光与环境创建

场景模型创建完成后，需要在场景中创建灯光。本案例的灯光由环境光和区域光两部分组成。

1.环境光

01 在场景中新建一个"天空"模型 ●天空，然后按快捷键Shift+F8打开"资产浏览器"，选中图16-330所示的材质并将其赋予"天空"对象。

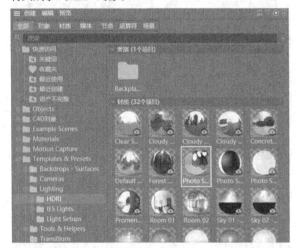

图16-330

02 按快捷键Ctrl+R预览灯光效果，如图16-331所示。

图16-331

2.区域光

01 使用"区域光"工具 ▣区域光 在场景左侧创建一处区域光，位置如图16-332所示。

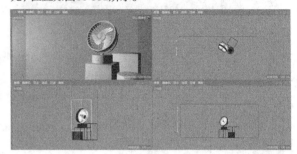

图16-332

02 选中创建的区域光，然后设置"颜色"为白色，"强度"为80%，"投影"为"区域"，"衰减"为"平方倒数（物理精度）"，"半径衰减"为5589.798cm，如图16-333所示。

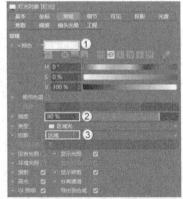

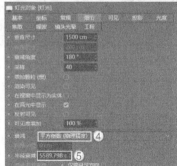

图16-333

03 按快捷键Ctrl+R预览灯光效果，如图16-334所示。

图16-334

16.5.3 材质制作

01 在"材质"面板中新建一个默认材质，然后在"颜色"中设置"颜色"为绿色，如图16-335所示。

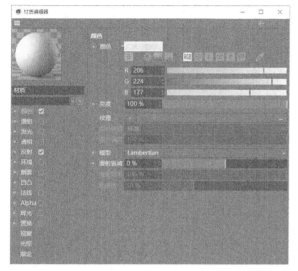

图16-335

02 在"反射"中添加GGX，然后设置"粗糙度"为25%，"高光强度"为15%，"菲涅耳"为"绝缘体"，"预置"为"聚酯"，如图16-336所示。材质效果如图16-337所示。

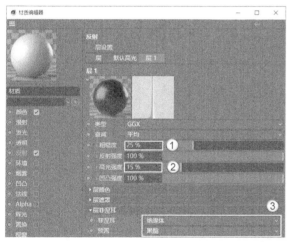

图16-336

图16-337

03 将材质赋予风扇和下方的展台，效果如图16-338所示。

图16-338

04 调整材质的"高光强度"为30%，效果如图16-339所示。

图16-339

05 新建一个默认材质，然后设置"颜色"也为绿色，效果如图16-340所示。

图16-340

16.5.4 渲染输出

01 单击"摄像机"按钮，在场景中创建一部摄像机，并调整渲染视图的角度，如图16-341所示。

图16-341

02 按快捷键Ctrl+B打开"渲染设置"面板，在"输出"中设置"宽度"为1280像素，"高度"为720像素，如图16-342所示。

图16-342

03 切换到"抗锯齿"，设置"抗锯齿"为"最佳"，"最小级别"为2×2，"最大级别"为4×4，"过滤"为Mitchell，如图16-343所示。

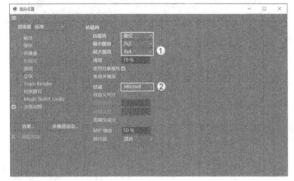

图16-343

04 单击"效果"按钮 效果... 添加"全局光照"，设置"主算法"为"准蒙特卡罗（QMC）"，"次级算法"为"辐照缓存"，如图16-344所示。

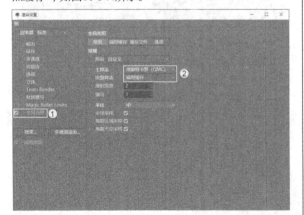

图16-344

05 按快捷键Shift+R渲染场景，效果如图16-345所示。

图16-345

06 将渲染的图片保存后在Photoshop中添加一些文案，最终效果如图16-346所示。

图16-346

附录1 快捷键索引

No.1 文件

操作	快捷键
新建	Ctrl + N
合并	Shift+Ctrl+O
打开	Ctrl + O
关闭全部	Shift + Ctrl + F4
另存为	Shift + Ctrl + S
保存	Ctrl + S
退出	Alt+F4

No.2 时间线

操作	快捷键
转到开始	Shift + F
转到上一关键帧	Ctrl + F
转到上一帧	F
向前播放	F8
转到下一帧	G
转到下一关键帧	Ctrl + G
转到结束	Shift + G
记录活动关键帧	F9
自动关键帧	Ctrl + F9
向后播放	F6
停止	F7

No.3 编辑

操作	快捷键
撤销	Ctrl + Z
重做	Ctrl + Y
剪切	Ctrl + X
复制	Ctrl + C
粘贴	Ctrl + V
删除	Delete
全部选择	Ctrl + A
取消选择	Ctrl + Shift + A
工程设置	Ctrl + D
设置	Ctrl + E

No.4 选择

操作	快捷键
实时选择	9
框选	0
套索选择	8
循环选择	U+L
环状选择	U+B
轮廓选择	U+Q
填充选择	U+F
路径选择	U+M
反选	U+I
扩展选择	U+Y
收缩选择	U+K

No.5 工具

操作	快捷键
转为可编辑对象	C
启用轴心	L
启用捕捉	Shift + S
x轴	X
y轴	Y
z轴	Z
坐标系统	W
锁定工作平面	Shift + X
移动	E
缩放	T
旋转	R
启用量化	Shift + Q
渲染活动视图	Ctrl + R
渲染到图片查看器	Shift + R
编辑渲染设置	Ctrl + B

No.6 窗口

操作	快捷键
控制台	Shift + F10
脚本管理器	Shift + F11
自定义命令	Shift + F12
全屏显示模式	Ctrl+Tab
全屏（组）模式	Shift + Ctrl+Tab
内容浏览器	Shift + F8
对象管理器	Shift + F1

续表

操作	快捷键
材质管理器	Shift + F2
时间线（摄影表）	Shift + F3
时间线（函数曲线）	Shift + Alt + F3
属性管理器	Shift + F5
坐标管理器	Shift + F7
层管理器	Shift + F4
构造管理器	Shift + F9
图片查看器	Shift + F6

No.7　材质

操作	快捷键
新材质	Ctrl + N
加载材质	Ctrl + Shift + O

No.8　建模

操作	快捷键
建模设置	Shift+M
断开连接	U+D
分裂	U+P
坍塌	U+C
连接点/边	M+M
融解	U+Z
消除	M+N
细分	U+S
优化	U+O
创建点	M+A
多边形画笔	M+E
切割边	M+F
线性切割	M+K
平面切割	M+J
循环/路径切割	M+L
倒角	M+S
桥接	M+B
焊接	M+Q
缝合	M+P
封闭多边形孔洞	M+D
挤压	D
内部挤压	I
矩阵挤压	M+X
偏移	M+Y

附录2 Cinema 4D使用技巧

▪ Cinema 4D不能选择物体或移动工具失灵

此种情况是Cinema 4D与QQ冲突造成的,将Cinema 4D最小化后按小键盘的0~9键,然后最大化Cinema 4D即可恢复。若还是有问题,可重启软件或计算机。

▪ 复位默认参数

如果需要复位对象的参数,只需要在属性框中单击鼠标右键即可恢复默认参数,如图附录-1所示。

图附录-1

▪ 统一对象的坐标中心

在建模时经常会出现模型的坐标中心与生成器和变形器的中心不一致的情况,从而导致移动对象时很不方便。因此统一对象的坐标中心非常有必要,具体方法如下。

第1步:选中需要统一坐标中心的对象。

第2步:执行"网格>轴心>使父级对齐"菜单命令,就可以将父层级的坐标中心统一到子层级上,从而统一对象的坐标中心,如图附录-2所示。

图附录-2

▪ 自定义工具栏图标

在工具栏中只展示了部分常用的工具图标,而还有一些常用的工具图标没有显示在工具栏,那么调用这些工具就会增加制作步骤。下面介绍自定义工具栏图标的方法。

第1步:在工具栏上单击鼠标右键,然后在弹出的菜单中选择"自定义面板..."选项,如图附录-3所示。

图附录-3

第2步：此时软件的面板上会显示很多白色的线条，代表每个按钮的位置和可以添加图标的位置，如图附录-4所示。

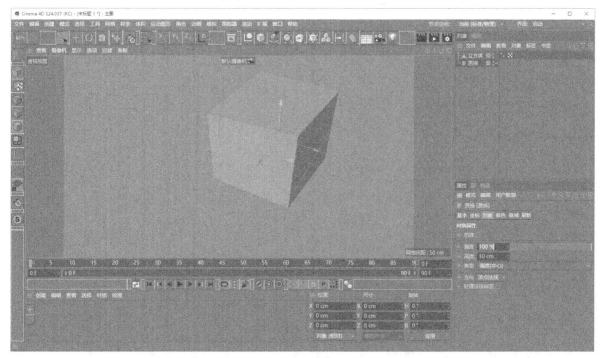

图附录-4

第3步：在打开的"自定义命令..."面板中搜索需要添加的工具，将其选中后拖曳鼠标，将按钮图标移动到需要的位置。如果想删掉工具栏上的图标，只需要双击要删除的图标即可，如图附录-5所示。

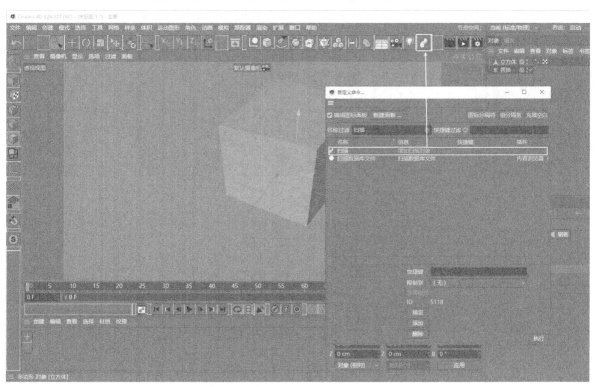

图附录-5

第4步：关闭"自定义命令…"面板，保存面板的图标效果，如图附录-6所示。

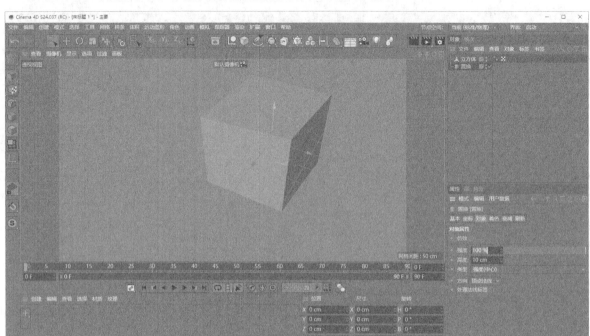

图附录-6

■ 常用的建模菜单

除了可以在右键菜单中选择不同的建模工具，还可以按相应的快捷键打开对应的提示菜单，根据不同的提示选择相应的工具，如图附录-7所示。

M键

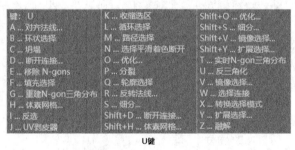

U键

K键

图附录-7